新文京開發出版股份有限公司

N&W
WCDP
新世紀‧新視野‧新文京—精選教科書‧考試用書‧專業參考書

Sixth Edition 第六版

科技與生活
Technology and Living

蘇金豆 編著

「科技與生活」在於應用科學方法解決環境汙染問題的重要性，強調預防的必要性，使地球環境得以永續經營；材料科技的不斷創新演進，使人類歷史文明得以不斷進步，從石器時代、銅器時代、鐵器時代、經三次工業革命直到今日工業4.0的AIoT（智慧物聯網）高科技時代，人們的生活也由「有」到「需要」再到「安適」，豐富了生活品質，也縮短了彼此間的距離，世界儼然像一座地球城，這都是科技材料進展的成果；有了安適的生活，人類便會重視自我生活品味，強調自我的重要性，愛美是人類的特性，科技發達製造了許多化妝品，使人們在皮膚保養方面出現知識不足的現象，因此，化妝品與生活單元介紹許多使用的方法與注意事項，使大家得以輕鬆享受科技發達的成果。科學現象是日常生活中諸多細節的匯總與根基，本書更貼心地蒐集日常生活中常見的科學現象加以闡述，使您在生活與學習方面更為深刻，輕輕鬆鬆學會和判讀科學的奧妙。

　　本書屬於通識教育課程的一環，提供大學或大專一學期二學分之課程參考教學用。編著此書，是望對通識教育略盡棉薄之力，並期拋磚引玉的效益。

本書編著，考量教師應具備化學、物理、生物化學、地科與環保等自然科學方面的基本能力，生活需要及教學時數等因素。教材內容集合多年的精心蒐集、上課實驗成果與其他任教教師寶貴之建議融合改善而成，期能使教學更有趣、學習更有益，以此收集思廣益之功效。

本書上課方式可融入光碟片或錄影帶教學與賞析（如小兵立大功的界面活性劑、千變萬化的塑膠、生命的圓舞曲、美食中的化學、少即是美、輕薄短小的電子世界等DVD影片）、簡易有趣的實驗教學（如：茶葉的成分檢測、暖暖包製作等等）及其他多媒體教材，藉以提升學習興趣，教學過程中若能分組討論並搭配使用學習單，將可深化學習成效。

由於時間有限，加上科技與生活之內容多如汗牛充棟，難以盡收於書內，雖有遺珠之憾，但對通識教育也許能盡些輔助之力量，實為我出書之動機，匆促付梓，疏漏遺誤在所難免，敬請博雅不吝指教，俾利爾後修訂參考，毋任感激。

編著者　**蘇金豆**　敬上

　　感謝各位教授與讀者們不吝賜教與使用。21世紀的通識教育是結合專業與人文社會科學的博雅教育,科技進步之快速與社會的精進,帶動國民經濟的躍進與知識道德水準的提升。因此,強調通識教育之永續性,已日益受重視。

　　六版之目的有三:一為修正先進們指正問題處;二為強化科技與生活之跨域整合議題;三為增加內容與習題的縱向深度與橫向統整之廣度,並提供詳盡的習題參考解答,以提高教師教學效率及學生學習樂趣,為升溫中的科際整合教育做好布局。

　　《科技與生活》一書的內容,結合了大家關注的議題,如生活中的科學現象、身體所需營養素、市場中保健養生食品、環境汙染危害與科技防治(含環境荷爾蒙)、化妝品界面和日常生活中熟知的生活材料(含AI在生活中的應用與奈米材料)等。教學過程中搭配生活化DVD光碟片、TED演講短片與網站的知識影片結合,使學生在既有的先備基礎下學習,由淺入深,由簡而廣博,無論文法商或理工醫農背景的人士皆能接受此一教材,開拓生活學習領域的新視域,使學習者獲得更多更廣的生活知識,提升專業領域外的通識涵養,進而解決生活周遭所面臨的相關問題,提升生活品質,達到實踐教育即生活的真正意義。

編著者　蘇金豆　於臺北

蘇金豆

學　歷：　臺灣大學理學博士

現　任：　德霖技術學院餐旅系暨通識教育中心　教授

中原大學通識教育中心兼任教授（102～迄今）

財團法人中國視聽教育基金會第十二屆董事（108~111）

Interdisciplinary Journal of Environmental and Science Education Editor（109~112）

專　長：　化學教育與評量、綠色餐飲、教案設計與應用、職涯知能與發展、餐飲教育

經　歷：
1. 國立臺北教育大學自然系兼任教授（96~99）
2. 國立臺北教育大學自然系兼任副教授（83~96）
3. 德霖技術學院通識教育中心副教授（83~96）
4. 實踐大學通識教育中心兼任副教授（92~95）
5. 臺北市立中正國中理化教師（75~76）
6. 中央研究院原子分子研究所專任助理（78~81）
7. 臺灣教育傳播暨科技學會TAECT第四十八屆理事兼副理事長（108~109）
8. 臺灣教育傳播與科技研究期刊編輯委員（108~109）

證照： 1. CRM顧客管理商品分析師（No: CRM2010000975）

2. International Award in Barista Skills
   （國際咖啡師, No: 5500899747/270）

3. International Introductory Award in Conflict Handling
   （國際衝突管理師, No: 5501111768/170）

4. International Introductory Award in Selling
   （國際行銷師, No: 5501111768/790）

5. Level 2 Award in Professional Bartending（Cocktails）
   （No: 5501504333/70）

6. MPCC文創品牌行銷企劃師（No: MPCC T122040019）

7. LMCC文創品牌授權經理（No: LMCC T122050023）

8. Training for Intervention Procedures（Tips）
   （Tips飲酒安全證照，No: 4383240）

9. Introduction to coffee（No: 363699）

10. 阿里巴巴跨境電子商務規劃師（證照No: B2000349）

11. IoT Application and Technology
    （證照No: 112200800009300）

榮 譽： 1. 榮獲中華民國教育學術團體聯合年會

　　　　頒發「103年度教育學術團體聯合年會服務獎」

　　　 2. 獲臺灣教育傳播暨科技學會2013、2017和2020年國際學術

　　　　研討會頒發最佳傑出論文獎

　　　 3. 獲2013年第二屆工程與科技教育學術研討會頒發優秀

　　　　論文獎

　　　 4. 獲頒99、101、103、107年度德霖技術學院教學績優教師

　　　　優良獎

　　　 5. 臺灣教育傳播暨科技學會頒發2012、2013年服務熱忱獎

　　　 6. 參加2014年全國性教學媒體競賽榮獲一般組第一名

　　　 7. 獲科技部國合司彈薪獎勵（2014~2019）

　　　 8. 榮獲中華民國教育學術團體聯合年會頒發「107年度

　　　　教育學術團體聯合年會木鐸獎」

目錄

CONTENTS
TECHNOLOGY AND LIVING

CHAPTER **04** 科技與環境

CHAPTER **05**   **化妝品與生活**

CHAPTER **06** 科技與材料

教學影帶參考資料

1. 中國化學會，「化學世界」錄影帶版與光碟版

編　號	主　題	內 容 說 明
1	化學萬花筒	化學綜觀（Ch1）
2	小兵立大功的界面活性劑	日常生活類（Ch5）
3	金屬的腐蝕與保固	日常生活類（Ch5）
4	千變萬化的塑膠	日常生活類（Ch5）
5	化學纖維現形記	日常生活類（Ch5）
6	生命的圓舞曲	醫藥保健類（Ch2）
7	化學和我們這個地球	醫藥保健類（Ch4）
8	美食中的化學	醫藥保健類（Ch3）
9	少即是美的化學	醫藥保健類（Ch2）
10	石油挖完了怎麼辦	高科技類（Ch6）
11	輕薄短小的電子世界	高科技類（Ch6）
12	光電世界中的化學	高科技類（Ch6）
13	明日的化學科技	高科技類（Ch6）

2. 佐峰商社NHK，錄影帶

編　號	主　題	內容說明
1	彩妝物語（美化肌膚、技巧…）	Ch5
2	現代科技	Ch1
3	瓷器之鄉－景德鎮	Ch6
4	家庭科學	Ch1
5	保健教育	Ch2
6	地球環保（溫室效應、臭氧層破壞、酸雨…）	Ch4
7	美食和吃的文化	Ch3

TECHNOLOGY
AND LIVING

CHAPTER 01

生活中的科學現象

　　科學是有系統有組織的學問，科學不只是事實，也是傳送和了解訊息的確認過程。而科學現象是前人生活經驗與智慧結晶的累積，人類科技進展神速，生活品質大幅提升，已由需要的層次提升到安適便利階段，追求知識的慾望也深深的植基於人們心目中，人們對知識的渴望日復一日，追求真理的精神也有增無減，因此攝取小常識累積而成大智慧，是現代人生活必經之過程。

　　生活中的小常識是一連串科學步驟（觀察、實驗、分析假設、求證）、創造力的發揮與運用工具物資解決問題的過程。

　　結合許許多多的小常識，便可應用於日常生活，實現美國教育心理學家杜威的名言：「教育即生活。」科學、技學與社會學的結合，是當今學習科學知識的重要良方，闡述科學現象、學習新知，往往成為大家嚮往、追尋真理的泉源。

S cientific
Phenomena
in Life

1-1 科技與生活概論

「科學是人類活動的一個範疇，它的職能是總結客觀世界知識，並使之系統化，認為科學這個概念，本身不僅包括得到新知識的活動，而且還包括這個活動的結果。」綜上論述，科學包含了**自然科學**、**社會科學**和**哲學**等內涵。自然科學是科學家對於自然界不同對象的運動、變化和發展規律的科學研究；社會科學則是研究人類社會不同領域的運動、變化和發展規律的科學；哲學則是科學的一部分，是關於世界觀的學說，是自然科學和社會科學知識的融合。

而實際目的的自然科學知識應用，便是技術、自然科學與科技的差異，前者是由自然哲學為根基演變而來，後者則是科學知識的事實應用，產品的呈現活化生活品質。自然科學追求「真」（知識的價值），與哲學追求「善」（意志的價值）、藝術追求「美」（情感的價值），同樣都是人類文明賴以演進的精神支柱。科技進步的結果，讓人類的生活有更長足的進步，舉凡在養生食品方面，各式各樣生物科技健康食品的研究開發，使人們逐漸重視養生預防哲學，強調

預防重於治療的觀念也深深烙印在每個人的心目中。科學(Science)、技學(Technology)與社會學(Sociology)三者簡稱STS，其關係密切，從生活中親近並觀察大自然，將所學科學知識加以應用，以科學方法和態度，主動建構解決生活中問題的方法和決策，這就是STS的生活實踐。

在飲食方面，強調健康飲食DIY，使大家不但具備營養學的基本觀念，而且也能日益重視營養，並以均衡飲食金字塔為參考範本，以地中海飲食為實踐模式。重視營養之餘，也可減少代謝症候群(Metabolic syndrome)的發生機率，並可降低癌症發生的機會；重視飲食之餘，也開始強調低碳綠色消費，用多少買多少，吃多少點多少，不造成過多的奢華，此舉與諾貝爾得獎主馬戴奈(Mottainaii)女士從肯亞帶到日本的「逆風綠翅」綠色消費風不謀而合。

人口的膨脹（2017年6月底公告的全球人口資料，顯示人口數已突破70億；預計2048年將突破九十億大關），人口數的急遽增加，產生許多嚴重的問題，如糧食問題、水資源的問題、能源的問題等，再加上資源與土地的高度開發和都市化的結

果，造成世界各地嚴重的環境汙染問題，這些環保問題將導致人類生存的自然環境面臨有史以來的大浩劫，為了後世子孫的福祉著想，實施「低碳教育」與「儉約新生活運動」是最根本的解決方法。因此，從教育著手了解環保的重要性，在今日的生活環境中更顯迫切需要。而科技與環保則是一體的兩面，強調預防的重要性，更強調運用科技方法解決環境汙染問題的重要性。

為使地球環境得以永續經營，低碳救地球、素食抗暖化和綠建築的呼聲越來越響亮，透過地球有限資源觀、體內與體外環保的覺知，秉持著「Reduce（減少使用）、Reuse（重複使用）、Recycle（循環再造）、Replace（替代使用）」環保4R的理念，再加上講求經濟(Economic)、符合生態(Ecological)與實踐平等(Eqaitable)3E消費原則，從4R與3E建構全民綠色環保與消費素養；材料科技的精進，使人類歷史文明不斷進步，從石器時代、銅器時代、鐵器時代。再經歷了三次科技革命，如第一次科技革命，以機器代替手工；第二次科技革命，發明了火車和輪船；第三次科技革命，更結合創新的力量，應用飛機和電腦把人類帶入了太空時代。

　　直到今日21世紀知識經濟工業4.0革新的世代，新興科技(Emerging Technology)議題崛起不斷，如人工智慧(Artificial Intelligence, AI)、物聯網(Internet of Things, IoT)、5G通訊（第五代行動通訊技術）與智慧城市(Smart City)，結合碳足跡與水足跡的低碳高科技綠色訴求創新時代來臨，享受科技帶來人類社會文明的昌盛，進而提高生活品質，提升人類在大自然中，永續發展的機會與優勢。人們的生活也由基本需要到安適，豐富了生活品質，縮短了彼此間的距離，世界儼然像一座地球城，這都是科技材料進展的結果。

　　有了安適的生活之後，人類便會重視自我，強調自我的重要性，愛美是人類的天性，科技發達製造了許多化妝品，使人們在皮膚保養方面出現知識不足的現象。因此「化妝品與生活」介紹許多使用的方法與廣告陷阱，如雷射美容光療法的出現，為愛美的女士先生們打造一張亮麗的臉孔，使您可以輕輕鬆鬆享受科技發達的界面成果，讓小兵立大功，永保您年輕美麗的肌膚。

　　以上的內容，將分別在往後各章節中加以詳述。另外，自然科學現象是日常生活中諸多細節的總匯。因此，本單元蒐集日常生活中常見的自然科

學現象加以闡述，使您在生活與學習方面感受更為深刻，透過本書，您將學會思索與解決日常生活上所遇到的種種問題。

1-2 生活中物理現象的闡述

物理是自然科學中建構推理知識的學科，而物理現象是物質、能量和時空的基本原理及相互關係所呈現的特性，物理現象包含了聲、光、電、磁和能量等領域，以下就日常生活中常見的物理現象加以闡述。

1. 霓虹燈為何如此燦爛奪目呢？

霓虹燈真奇妙！白天看它是無色透明，但是夜幕低垂時一通電，即出現花花綠綠、鮮豔奪目的光芒，五彩繽紛吸引許多觀眾的目光。究其因，原來是霓虹燈裡住著一群孤芳自賞的無色氣體，這些氣體就是位在週期表最右邊的一族，即氦(He,helium)、氖(Ne, néos)、氬(Ar, argon)、氪(Kr, kruptós)、氙(Xe,xénos)、氡(Rn, radon)等氣體，此等無色氣體，化學家稱它們為鈍氣(inert gases)或稀有氣體(rare gases)，也稱之為惰性氣體(noble gases)。

氦氣裝到霓虹燈裡，呈現出淡紅色或黃色的光；把氦氣置換成氖氣，則呈現紅光，燈塔的紅色光與部分汽車的車頭燈，即是氖氣的傑作；氬氣高壓放電射出的光是淡青色；而氙氣則是青色的光。因此，一到夜裡，街上的霓虹燈就會呈現五彩繽紛、爭妍鬥豔的景象，真是好不熱鬧。

思考題

為何霓虹燈裡面不放氡氣(Rn)呢？

2. 日光燈為何比燈泡省電呢？

自然界中物質發光的原理可分成兩種類型：一為「熱光發光」，另一為「冷光發光」。由於物體溫度升高而發生的光，叫做熱光發光，如油燈、蠟燭等都是屬於「熱光發光」光源；而螢火蟲之類的光，把別種能量轉變成光，但本身溫度並不升高，這就是「冷光發光」光源。

當我們接近電燈泡時，會感覺到熱熱的，這說明它是一種熱光的光源，事實上電燈泡是電流把燈絲灼熱到2,500°C左右而發光，其中約有7~8%的能量變成可見光，其餘90%以上都變成了毫無用處的熱量以及看不見的不可見光，故使用電燈泡發光會浪費不少

電量，在此能源危機與環境汙染的綠色能源科技改革時期，身為地球一份子的我們不得不慎重考慮。

而日光燈就不一樣，看上去是一根白色的管子，以為它是磨砂玻璃製成的，其實這是一種塗在玻璃上的螢光物，在管子裡面則裝了一些氬氣和水銀蒸氣，當電流通過時，氣體放電，這些氣體便發出了看不見的紫外線(ultraviolet)，這些紫外線照射到螢光物質上而引起發光，不同的螢光質，發光的顏色也就不同，正因為這樣，所以人們把它製成日光燈。如此可使紡織、顏料等工業生產出來的產品，不會因為白天或是晚上光線的不同而有顏色判

斷錯誤的問題。這種日光燈發出的溫度約40~50°C。是故，要保持一定溫度的空間，就需要安裝日光燈，而不能裝上一般的熾熱電燈泡，若能考慮LED燈，則將更省電、更節能也更經濟。

3. 何以早期使用之照相底片是黑白的？

最初的照片是藍色的，但因呈像效果不佳而被黑色照片取代。黑色照片在西元1827年後問世，極細的銀粉所呈現之黑色底片，再塗上一層溴化銀(AgBr)即成為我們所用的底片。溴化銀一遇見光線

就會分解，當照相機的快門一按，光線透過鏡頭瞬間進入底片，溴化銀立即分解。人們將底片進行顯像處理，即泡在無色硫代硫酸鈉($Na_2S_2O_8$)溶液中，顯影後由於底片上，尚留有些感光溴化銀必須去掉，故接著還要對底片進行定影處理，洗去那些多餘的溴化銀。最後這張底片再用清水沖洗，乾燥後一張照片即完成。

4. 鹼性電池包裝上所附之驗電條為何會變色呢？

變色帶是一種液晶，液晶會隨著溫度的變化而變色，39°C時呈淺黃色，如同放在小孩額頭上量取溫度的變色溫度計。

電流通過導線時，導線的溫度會升高，稱為電流的熱效應。熱效應（即功率）與導線兩端的電壓、導線的電流及導線的電阻有關。驗電條即是利用電流通過石墨電阻薄片時，產生的熱驅使變色帶呈色。

5. 只有燈絲而沒有玻璃包住的電燈會亮嗎？

電燈泡內的燈絲，是一種能夠耐得住高溫的金屬「鎢(W)」做的，其熔點約2,800°C。燈絲溫度約2,000°C左右，這種金屬鎢耐高溫的條件：必須在沒

有氧氣存在的條件下才行。白熾的鎢絲一遇到氧氣(O_2)立刻變成淡黃色的氧化鎢(WO)，金屬鎢一旦變成氧化物後，不但變得脆，而且導電的性質也改變，使電流通不過去。不用玻璃燈泡罩住，雖然會亮，但很快就燒壞了，乃因細絲在如此高的溫度下，快速發生化學作用使然。

6. 有色玻璃光化學

自動變色的太陽眼鏡，是在玻璃中加入明膠、

氯化銀(AgCl)晶體和微量銅(Cu)；當添加氧化鉻(Cr_2O_3)則成綠色玻璃；加入二氧化錳(MnO_2)則成紫色玻璃；添加氧化鈷(CoO)則成藍色玻璃；添加氧化鐵(Fe_2O_3)則成黃色玻璃；添加氧化錫(SnO_2)則成不透明玻璃。

7. 商品化之螢光棒、手鐲、項鍊、耳環、戒指及魚鏢鑲住之目標物，為何在夜間能發出亮光，清楚看見目標物？

由激發態將吸收的光能以「光」的形式放出者，俗稱「發光」(luminescence)；亦即物質吸收能量使物質中的分子達到各種激發態（包括電子激發態、振動激發態、轉

動激發態）；激發態是不穩定的能態，物質會回到基態(ground state)或其他中間能態而把吸收的能量釋放出來。一般的化學反應，大都以熱的形式放出，倘若以光能放出者，亦即在室溫、無光的存在下，經由化學反應提供激發能，而釋放出光者，稱為「化學發光」（chemiluminescence，簡稱CL），因不帶高熱，又稱為「冷光」。有人把它商品化，作為冷光光源，例如：螢光棒、手鐲、項鍊、耳環、光劍、戒指及魚鏢。能成為冷光的物質，如蟲類(worms)、甲殼類(crustaceans)、珊瑚類(corals)、蝸牛類(snails)、烏賊類(squids)、蛤類(clams)、小蝦(shrimp)和水母(jellyfish)跟螢火蟲(firefly)等。

8. 水餃煮熟為何會浮起來呢？

　　生餃子剛倒進鍋裡的時候會下沉，但煮熟後卻會浮起來，為什麼呢？生餃子倒下鍋後，因比重比水大，所以就下沉。但煮熟後為什麼又會浮起來呢？原來，隨著爐子的加熱，鍋中的水和餃子都慢慢地熱起來了。我們知道物體的通性是熱脹冷縮，餃子和水也不例外。但是物體受熱膨脹的程度是不同的，有的膨脹快，有的膨脹慢，餃餡和餃子皮的膨脹速度比水來得快，它們的體積很容易因膨脹而

變大，熱餃子脹得飽飽的，比生餃子大得多，但因餃子的重量並未增加，而體積增大以後，單位體積的重量就減小了。

依據阿基米德浮力原理，沉浸在水中的餃子會減輕重量，減輕的重量與它同體積大小水的重量相等，其所失去的重量，就是水對餃子的浮力。既然餃子體積大了，所以在水中失去的重量也大，即水對熟餃子的浮力比生餃子

的浮力大。所以，餃子煮熟時，餃餡和餃皮都充分膨脹以後，就能浮起來。吃浮起來的餃子，當然不會有吃到半生不熟的顧慮了。

9. 為祈求國泰民安，有些地區民俗習慣採取放天燈的儀式，為何天燈會飄揚於空中？

天燈又稱孔明燈，傳說蜀漢宰相諸葛孔明南征時發明的，當時是以傳遞軍事信號為主要目的。天燈就是原始的熱氣球，天燈和熱氣球升空的原理相同：熱空氣的比重較小，較同體積的冷空氣小，將

天燈或氣球中的空氣加熱或灌進熱空
氣，就如同裝了氫氣(H_2)一樣，輕飄
飄的懸浮於天空中，因為浮力的緣故
而升空。使天燈或氣球上升的原理，
即浮力必須大於重力，空氣加熱後密
度變小，當浮力大於重力時，天燈或
熱氣球就升空了。

10. 磁浮列車為何會懸浮於空中而行駛？

　　使用電磁鐵的磁浮列車是靠電磁鐵的磁力互相
排斥而使車身上浮，所以列車與鐵軌之間無摩擦
力，在一般的情況下車身上浮約15公分，在極高轉
速時有集電困難與氣流攪動的緣故，為了使行車穩
定，車速一般可維持時速每小時約300公里，例如日
本之磁浮列車。又歐洲新建構的磁浮列車利用超導
體(superconductor)本身會排斥磁力線的特性，所發
展出來的超導磁浮列車，具無噪音、穩定和節省能
源的優點，且時速約可達500公里，大大縮短洲際間
的距離。另外，使用高溫超導體做成的超導磁浮列
車將可達到時速約700公里，對交通影響相當大，隨
著人類智慧的凝聚，實現一日洲際間的火車旅行已
不是夢想了。

11. 雷射在日常生活上有何應用？

雷射的英文名稱LASER是取自英文(light amplification by the stimulated emission of radiation)，亦即光的刺激放大作用，雷射的特性是高強度、單波長、準直性與定向性。因此，同一時間內，所有光束均為同方向與同空間。雷射種類很多，常見的雷射，如氦氖雷射、半導體雷射、二氧化碳雷射、摻釹釔鋁石榴石雷射和準分子雷射等。是此，雷射可應用在很多的科技產品上，如光纖通訊、CD Player、雷射印表機、鑽孔、焊接、切割、熱處理、毫雕、精雕、表面處理、印字、感測、微影製程、雷射美容等等，都是雷射在日常生活上的應用；雷射的優點是速度快、易於控制且準確度高，再結合自動化與高精密度，雷射可做複雜處理，能處理多種材質，也較為環保，對環境較無汙染。

由於雷射具有出血少、手術後較少疼痛感、無菌、操作性強、精確度高、損傷少…等優點，因此也常應用在一般外科、眼科、牙科、皮膚科手術。

近年來雷射應用更為多元，如雷射光常作為景觀的輔具來發展觀光、雷射美容光用在皮膚斑點的去除、雷射舞會增加參與者的樂趣、運用低能量雷射讓傷口癒合及刺激毛髮生長等生活應用。

12. 電磁輻射對人體有何影響？

隨著科技的進步，處處充滿電訊器材，看不見的隱形殺手電磁波隨處可見，電磁波會散發出一種擾亂人體的正離子，目前國內外正朝著對人體健康影響的因子進行探究。

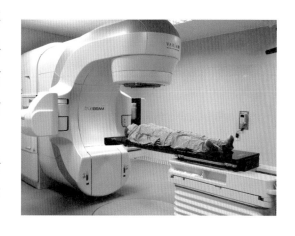

家庭電器中電磁爐是屬頭號殺手，微波爐次之，另外行動電話、電腦設備、高壓電線等滋生源，所產生的輻射對人體的傷害雖不一，但是輻射是一種能量流，看不見也摸不著，因此不得不格外注意。

電磁輻射可分為游離輻射與非游離輻射：

(1) 游離輻射的能量在百萬電子伏特(MeV)的範圍（原子輻射的能量在仟電子伏特(KeV)的範圍），這些輻射因能游離物質之分子，產生正負離子對，故稱為游離輻射。游離輻射照射人體時，會使細胞中重要分子（如DNA）的分子鍵斷裂，引起生物效應($\alpha>\beta>\gamma$)。游離輻射隨時隨地都存在，但因不易察覺，等到身體受害，可能已經為時已晚。流行病學研究顯示，

高劑量的輻射對人體是有害的，但低劑量的輻射（天然背景輻射的變化範圍），則對人體風險甚低。高劑量的輻射可能導致人體罹患癌症、白內障、不孕症、突變、萎縮效應或致壽命減短。例如γ-ray會破壞細胞組織，醫學上有時會用這種射線來殺死癌細胞作為治療癌症的方法，另外也被食品工業用來消毒食物。

(2) 非游離輻射不同於游離輻射，來自於放射性核種的蛻變，它不會造成受暴露物質的組成原子產生游離效應。非游離輻射能量低於10電子伏特(eV)，頻率小於2.4×10^{15}赫茲(Hz)，波長大於124nm的電磁輻射波段。非游離輻射的範圍包括：紫外線(ultraviolet, UV)、可見光(visible light)、紅外線(infrared, IR)、微波(microwave)、射頻(radio frequency)或無線電波、非常低頻及極低頻電磁場(very low frequency and extremely low frequency electric and magnetic fields; VLF and ELF)。其中紫外線(UVB)會影響人體的皮膚、免疫系統和眼睛，曝露在紫外線指數高的環境下，必須有所防護，才不致受傷害。

1-3　生活中化學現象的闡述

　　化學是一門研究物質結構、組織及其變化的學科，化學在人類發展史上始終扮演著極其重要的角色，對人類生活品質的改善，除了解決問題、處理危機外，更扮演著先驅者的角色。化學對人類生活貢獻，無論食、衣、住、行、育樂、保健與環保，幾乎無一不與化學有密切關聯，舉凡塑膠、橡膠、化纖、生醫、建材、通訊、能源等等，的確都是生活必需品。因此生活中的化學現象也不勝枚舉，茲將蒐集到的現象提供幾則供參考：

1. 被蚊蟲咬傷後，為何塗些許肥皂水或氨水就不癢了？

　　蚊蟲唾液中，含有甲酸(formic acid, HCOOH)。濃甲酸的腐蝕性很強，皮膚一旦接觸就會起泡泡。很多昆蟲的分泌液裡，就有許多甲酸，甲酸是無色液體，具有刺激臭味。蟻精就是稀甲酸水溶液(1~1.5%)，為醫療風濕症的外敷劑。被蚊蟲咬過後，塗一點肥皂水或氨水就不癢了，乃因為發生酸鹼中和反應，生成中性的甲酸鈉與甲酸銨。

註

甲酸：當人體缺氧(16~18%)時，血液中也會產生一種毒素，使人體筋骨痠痛的化學物質，那就是「甲酸」。

2. 化學物質也會引起過敏症？

臺灣兒童氣喘的人數比過去增加了約八倍，不禁讓人懷疑是不是國內也有化學物質引起的過敏症問題？畢竟我們都生活在化學物質瀰漫的環境裡，誰敢說絕對不可能呢？歐美醫界認為環境裡的化學物質有可能造成人體神經或免疫系統的異常，而影響健康。

日本化學物質過敏症的先驅石川哲教授指出：10人中即有1人可能罹患化學物質過敏症。因此化學物質造成的嚴重性不得不注意。

過敏源分為吸入性和食入性兩種。吸入性過敏源有塵蟎、羽毛、花粉、黴菌等；食入性過敏則有蝦、蚌類海鮮、牛奶和蛋白等。真正「凶手」的化學物質是建材和裝潢材料等所釋放出來的甲醛、甲苯、二甲苯和對二氯苯，此等化學物質是過敏症的先驅。食品中的添加物、室內的芳香劑和除臭劑也是過敏源。

大家都知道氣喘是過敏症典型病例，此外，皮膚、鼻子、眼睛和消化道等都可能發生過敏。

過敏症非上了年紀的人特有的病症，連小孩和年輕女性也深受其害，特別是新蓋的房屋和校舍、

遊樂設施、美勞使用的接合劑、玩具等都扮演「凶手」角色，在學校設備更新、進行粉刷塗飾或消毒的時候，過敏的情形尤其嚴重。化學物質過敏症病人接觸到極微量化學物就會引起噁心、暈眩、頭痛、喉嚨痛、眼睛痛、失眠、氣喘、皮膚炎等症狀，而且一旦發生過敏現象後，就不再侷限於空氣中的化學物質，日後連食物和墨水等都可能成為過敏源。

少用芳香劑和除臭劑，以免這些物質飄散到患者的家中，造成甲醛的威脅，建築界也注意到如何建造不損健康的房屋，即使用綠色建材，對於化學物質也從少用甲醛著手。環境汙染日益嚴重，因此，政府須積極推動綠建築，來建構永續的生存環境。

> 註
>
> 綠建築：指生態、節能、減廢、健康的建築物。

3. 有汗漬的衣服不能用熱水洗？

身體所排汗水的成分：約98%的水、0.3%的食鹽，其餘是蛋白質、尿素及其他有機物質。

食鹽、尿素因為易溶於冷水，且更易溶於熱水，故很容易處理，唯有少量的蛋白質不易處理，蛋白質易變性(denature)，在水裡以膠體形態存在，受熱凝固，不溶於水，蛋白質一旦凝固，變成不溶

性物質後，附著在衣服的纖維上，凝固的蛋白質受到日光照射或與空氣中的氧氣作用，就變成黃色的汙垢，故有汗水的衣服不能以熱水洗滌。

蛋白質遇到熱、酒精、強酸和強鹼易導致變性。衣服上若沾到含有蛋白質的物質，如血液、牛奶、豆漿等，只能用冷水加以洗滌，或用5%的醋酸、5%的氨水先洗汗漬，再用大量清水沖洗，即可把汗漬洗乾淨。

4. 茶壺裡會長水垢，為何？

海邊或水裡的一些軟體動物，如蛤、蚌、螃蟹、田螺之類，都是靠吸收水中的碳酸氫鈣$(Ca(HCO_3)_2)$，來建築自己的房子——貝殼。地下洞裡出現的石筍、鐘乳石，也是碳酸氫鈣的傑作。用

含碳酸氫鈣與其他雜質的水洗衣服，會出現衣服雖不怎麼髒，但擦了肥皂在水裡洗，水面上盡是些白花花的髒東西，此乃碳酸氫鈣與肥皂發生化學變化，形成白色硬脂酸鈣沉澱，故硬水洗滌一點好處也沒有，反而浪費更多肥皂。市售的硬水筆可立即呈現水的硬度。

此種硬水拿來煮開水，當溫度升高，碳酸氫鈣就沉澱出來，變成碳酸鈣，結成水垢。若水壺裡長了水垢，就不容易傳熱，因而耗費很多能量與電力。在工廠裡，如果鍋爐長了水垢，因為水垢傳熱不均勻，往往會引起巨大的爆炸。

泉水、井水、海水皆屬硬水(hard water)，而雨水往往為軟水(soft water)。硬水是水中含有鈣、鎂離子的酸式碳酸鹽、氯化物或硫酸鹽的水稱之。利用煮沸法可使硬水軟化，即加熱可使碳酸氫鈣沉澱。

5. 為什麼喝茶比喝咖啡好？

茶葉的成分有粗蛋白質(30~34%)、粗纖維(12~16%)、茶素（2~4.5%，如咖啡因）、多元酚類（18~36%，鞣質、鞣酸、茶單寧）、果膠質(4~6.5%)、還原糖(2~3.5%)、澱粉(0.1~0.5%)以及一些礦物質（5.5~6.0%，如錳、鉀等）等。茶素和多元酚對茶的品質及類別影響很大。

紅茶屬發酵茶，當茶葉萎凋後，不經殺菁（蒸汽或高溫水煮短時間以破壞酵素），直接發酵，維生素C幾乎完全被酵素破壞；綠茶屬不發酵茶，先經

殺菁，此時酵素完全被破壞，無法再發酵，故為不發酵茶；而烏龍茶則是一種半發酵茶，先經萎凋，然後殺菁，殺菁前通常茶葉邊緣部分已稍有發酵。西方人喜歡喝紅茶，東方人尤其日本人，則喜愛喝綠茶，而華人則偏愛烏龍茶，研究顯示每天喝茶最適宜之建議量約為150c.c.。

茶黃素(theaflavins)是紅茶顏色的主要成分。兒茶素是多種黃烷醇類(flavanols)分子的統稱，也有人稱為茶丹寧，無色、溶於水、具有澀味……其中綠茶具有相當的澀味，紅茶則無澀味。綠茶的顏色主要來自溶於水的葉綠素成分。喝茶或喝咖啡喜歡加奶精，感覺上較不那麼苦澀，乃因牛奶中的酪蛋白會和這些引起澀感的多酚類化合物結合，致使苦澀感降低。

多酚類結構中，苯環上的氫氧基或羥基($-OH$)具有一定酸性，在鹼性較高（pH值較大）的水質中，會釋放出酸性質子(H^+)而形成離子，此時茶色會變深。茶杯裡的茶垢就是這一類化合物的沉澱，可用檸檬汁或食醋來清洗，溶解茶垢。

思考題

咖啡加入薑或豆蔻的感覺如何呢？

　　茶素其實是幾種結構類似咖啡因化合物的統稱。咖啡因是一種類似植物鹼的成分，茶素中除了咖啡因外，尚含少量之茶鹼及可可鹼。提神、強心、利尿以茶鹼最強，可可鹼最弱。綠茶所含茶素的量最高，刺激性也最強。

　　茶葉的香氣經氣相層析儀(GC)分析，發現組成至少含有40種碳氫化合物(hydrocarbon)、70種醇類(alcohol)、70種醛類(aldehyde)、80種酮類(ketone)、70種酸(acid)、80種酯類(ester)以及60種含氮化合物。茶葉裡多酚類會和食物中的蛋白質與鐵離子結合，有礙身體對蛋白質及鐵質吸收，尤其三餐飲食中同時伴隨喝茶所造成的影響最大。喝茶好處多，研究發現喝茶可以抗癌，降低心血管方面的病變。綠茶中的兒茶素，正如維生素C、E一樣，是一種抗氧化劑，可以抑制自由基的形成。很多老化的慢性疾病，如癌症、心血管病變等，皆有相關研究報告指出，其與自由基的堆積有密切相關性。臺大林仁混教授指出每日喝150mL的綠茶，其抗癌效果最好，且以第一泡茶尤佳。經常感冒的人，不妨早晚以綠茶漱口，將會有不錯的改善效果。

咖啡喝下約5分鐘後，身體的各組織液中就可量得咖啡因，約半小時濃度可達最高點。絕大部分的咖啡因都在肝臟中代謝，10%直接從尿液中排出。吸菸的人代謝得特別快，總是嫌咖啡的濃度不足。孕婦、嬰幼兒、老人則因分解較慢，建議不喝為宜。每日咖啡的飲用量，以不超過300毫克（約三杯）為原則。咖啡因的致死量約為10公克，相當於100杯的咖啡。一天喝10杯以上，會引起不安、焦慮、發抖、呼吸急促以及嚴重失眠。咖啡是一種輕微中樞神經的興奮劑，會增加心臟的收縮，冠狀動脈血管擴張，對大腦的血管作用卻相反，會使血管收縮，進入腦部的血流量減少，因此，適度喝咖啡會緩和頭痛，尤其是偏頭痛。

6. 咖啡的營養價值及對身體的影響為何？你以為咖啡只會讓你睡不著嗎？哪些人應該少喝咖啡？

咖啡中所含成分有咖啡因、咖啡酸、綠原酸等等，可以有效對抗威脅我們人體的自由基，自由基是造成許多疾病（如心肌病變、動脈硬化、中風、肺氣腫、帕金森氏症）的重要原因。自由基過多會使身體代謝受到影響，破壞細胞進而使器官組織受影響。

少量的咖啡也可增強心肌收縮力，促進血液循環，達到預防心血管疾病的作用。研究顯示適量飲用有減重的效果，有助於消化、利尿作用，亦可當快速通便劑。每天喝2杯咖啡者比起從來不喝的人，平均得到膽結石的機會少40%，此外，咖啡所含的丹寧酸具有收斂性及止血、防臭的作用。因此，適量飲用咖啡有益身體。

喝咖啡過量雖然可能會妨礙胎兒發育，但未能證實是導致早產或嬰兒出生時體重不足之因。不過，咖啡因會降低婦女受孕機會、增加流產的風險、阻礙胎兒的發育，因此，孕婦不宜喝。

哪些人應該盡量少喝咖啡：如空腹、飯前（或飯後）、腹瀉者、胃酸過多者、胃及十二指腸潰瘍者、發育中的兒童、懷孕期間、授乳婦女、精神方面疾病者、服用鎮定劑者、腸道過敏症候群者、吸菸者、喝酒之後、易失眠的人、限制鉀離子攝取的腎臟患者、老年人等，以上這些人應少喝或不喝為宜。

7. 何謂自由基？對人體有何傷害？

自由基(free radical)是一種帶有單一電子的原子或原子團，如Cl、CH_3等。氟氯碳化物(CFCs)在紫外

光照射下產生氯原子，氯原子是一種自由基，因其外層電子只有七個，無法滿足穩定的八隅體理論(Octet rule，八個電子)，因此活性大、不穩定。此種自由基跑到平流層會造成臭氧層破洞；如果進入人體，因鏈鎖反應(Chain Reaction)而導致人體老化和器官受到傷害，根據醫學報導，人類正常健康的器官若無汙染，可存活約120~150年。自由基具不穩定性，因此，在人體內常成為一種危險因子，人體內自由基太多，無疑在身體潛伏一種負面因子，為日後癌症埋下誘因，成為萬病之源，不可不防範。

學者研究指出不當的行為，如吸菸、喝酒、熬夜、空氣汙染、不當醫療行為、老化和營養吸收不全等行為皆可能造成自由基形成。因此，規律的生活作息與正常的飲食不可不重視。

8. 為什麼豬油炒菜不易起油煙？

油脂依來源可分為植物性與動物性油脂。植物性的油脂多為不飽和脂肪酸甘油酯，常溫下為液體，如沙拉油；而動物性的油脂為飽和脂肪酸甘油酯，常溫下為固體，如豬油。

　　油脂的飽和與否有其固有的測量方法，此測量方法稱碘價，碘價即碘分子易加成於不飽和的雙鍵或參鍵上，因此利用碘的克數改變來衡量該油脂的不飽和度，我們稱之為碘價。豬油為飽和性脂肪，有較多的凡德瓦爾力，所以能耐較高溫度，高溫下不易氣化，相對的油煙也就較少了。

　　值得一提的是，豬油為膽固醇含量高的食物，且飽和脂肪酸含量較高，易使低密度脂蛋白增加，因而提高人體膽固醇含量，故不宜多食用。

註

碘價，每100g待測樣品所吸收碘之質量（克數）的表示測定結果。

　　脂蛋白(lipoprotein)在血漿中主要功能是將脂肪運送到身體各部位，脂蛋白主要有：VLDL（極低密度脂蛋白）、LDL（低密度脂蛋白）和HDL（高密度脂蛋白）三種。LDL到血管壁後，會把膽固醇囤積在細胞中，造成血管阻塞，是動脈血管硬化主因。HDL恰巧相反，從肝臟出來到血管壁後，會把膽固醇帶出細胞，運回肝臟進行代謝，保護血管免於硬化。

9. 為什麼喝酒過多易亂性，且走起路來東倒西歪甚至還會嘔吐呢？

剛開始喝酒時身體會變暖和，口腔和喉部感覺有些麻辣並覺得舒暢、精神愉快及憂鬱感消失。酒精是很好的溶劑，大部分被胃和十二指腸吸收並隨血液送到肝臟，一部分隨血液送到大腦，抑制大腦中樞神經，使大腦皮質活動鈍化，產生解放感及消愁的結果。

有些人常因職場飲酒文化，如千杯不醉、續攤與好勝心等，而造成酗酒，導致大腦平衡作用受到擾亂，正常的抑制作用機能完全喪失，出現語無倫次、行為輕薄、走路蹣跚、舉動笨拙、嘔吐等酒後亂性的行為，酒品一時表露無遺。因此，喝酒要節制，避免造成許多問題。

10. 為什麼用不沾鍋烹煮食品就不會沾黏呢？

普通的鐵鍋、鋼鍋或鋁鍋煎魚、煎蛋時，很容易出現食品被鍋底黏住的現象，不沾鍋在內側表面塗了一層特別的高分子材料即俗稱塑料王的碳氟樹脂——聚四氟乙烯(Teflon)，具耐酸、耐腐蝕等特性，

雖只含氟(F)和碳(C)兩種元素，但氟原子和碳原子之間相互抱得很緊，故它對外界的物質都「不理不睬」，即使放在硫酸、王水（aqua regia，三體積的鹽酸加一體積的硝酸混合而成）、強鹼中煮，也不會變質，耐酸鹼程度遠遠超過黃金。

不沾鍋為我們的生活帶來了方便和樂趣，但切忌將不沾鍋放在爐火上空燒，因聚四氟乙烯在250°C以上的高溫下，會開始分解，並放出有毒的物質。洗刷時不可接觸硬物，以免「Teflon」塗層(coating)被刮傷或刮破。高溫或是刮痕都會降低不沾鍋的性能。

11. 不鏽鋼為何不易生鏽？

不鏽鋼是一種含鉻、鎢、鎳和硅等之合金鋼，當鐵與空氣接觸容易氧化生鏽，但含有12%以上鉻的鋼卻不易發生氧化，是因為  鐵表面會形成一層薄薄的、不易發生作用的皮膜覆蓋，這層氧化膜就相當於鏽的功能，緊緊的把鐵和空氣隔絕開來，以似鏽來防真鏽的功效，即為不鏽鋼的原理。家庭中的餐具（如杯子、叉、刀等）和炊具（如高壓蒸鍋、炒菜鍋等）皆屬不鏽鋼。

12. 液態電蚊香為何能誘殺蚊子呢？

　　蚊子的剋星：除蟲菊酯，專門進入蚊子的腦神經來殺死牠們，而人類是哺乳類動物，體內具有分解除蟲菊酯的酵素，故除蟲菊酯對人類而言是無害的。

13. 為什麼被水蒸氣燙到比被熱水燙到還嚴重呢？

　　水的沸點為100°C，因此，水在100°C時變成了水蒸氣，而水蒸氣會繼續升溫，所以溫度會超過100°C，因而被水蒸氣燙到比被熱水燙到還嚴重，故氣體灼傷程度遠比液體灼傷程度還要嚴重許多。

除蟲菊酯：除蟲菊的葉子、花、莖桿中含有此一成分，對昆蟲的毒殺能力強。可做煙薰劑（蚊香）。其分子式有 $C_{21}H_{28}O_3$ 或 $C_{23}H_{31}O_3$ 二種。

$$H_2O_{(s)} \rightarrow H_2O_{(l)} \xrightleftharpoons{100℃} H_2O_{(g)} \xrightarrow{升高} H_2O_{(g)}$$

　　100°C的沸水持續煮沸1分鐘，可達到殺菌的目的，即煮沸法殺菌；而蒸氣殺菌則需持續加熱2分鐘，亦可達到殺菌的目的。

14. 口罩的使用時機，您能掌握嗎？

　　口罩的衛生保健觀念，已逐漸被大家所接受，而成為日常生活用品之一，近期全世界籠罩COVID-19的陰影下，在疫苗未確定前，戴口罩是被要求的。戴

口罩的原則是開、帶、壓和密，而脫口罩原則是脫、丟和洗等簡易步驟。

常見口罩依其功能屬性有四種不同的分類，茲說明如下：

(1) 一般型口罩，常用於保暖和防塵用，纖維結構孔隙相當大。

(2) 活性碳口罩，具多孔隙性的結構，主要功能在於吸附有機氣體、惡臭分子及毒性粉塵。不具殺菌功能，故對病毒無法防制。

(3) 醫療用口罩，較棉紗、棉質口罩好，可防止口沫飛到他人身上，但對阻絕病菌效果有其功能性，但捕霾效果則不佳。

(4) 帶電濾材口罩，便利呼吸，有過濾作用，其機制與活性碳類似。

近年來，空氣品質嚴重下降，PM2.5的防霾口罩充斥市面，一般合格的防霾口罩須確認標示CNS15980中國國家標準之標章，另須通過洩漏率、過濾效率、呼吸順暢度、游離甲醛含量、耳帶強度和pH值測試等之標示，購買有顏色的防霾口罩，須注意有否標示不含偶氮染料。防霾口罩有ABCD四個等級，濃度大於$350\mu g/m^3$選擇A級口罩（適用於褐

爆，危害等級），濃度大於230μg/m³選擇B級口罩
（適用於紫爆），濃度大於140μg/m³選擇C級口罩
（適用於紅色警示），濃度大於70μg/m³選擇D級口
罩（適用於橘色提醒），詳情可參考環保署網站。

15. 光觸媒在SARS期間如此受青睞，其理由為何？有何應用？

光觸媒原理是利用二氧化鈦(TiO_2)在紫外線照射
下產生氫氧自由基(·OH)，具活潑性的氫氧自由基
與細菌作用分解其蛋白質，達到殺菌除臭作用。

光觸媒在日常生活上的應用有：分解氮氧化物
(NO_x)、抗菌、除臭（香菸、寵物的臭味、汽車內
部、動物醫院大學研究室等）、防臭（去除阿摩尼亞
的效果很大）、防汙（分解汙垢、煙垢、油垢）、濾
淨空氣、改善水質、防霉（防止天花板產生黑霉）、
防藻（防止魚缸、池塘產生綠藻）、防鏽、防止褪色
等，光觸媒在日常生活中的應用相當廣泛，效果也日
漸增強。其對病毒傳播的抑制有一定的效果。病毒引
起的疾病，往往造成國際傳染，世衛組織於2020年1
月30日，第六度宣布武漢肺炎疫情為「國際關注公共
衛生緊急事件」，將新型冠狀病毒(SARS-CoV-2)引
起的疾病稱為「COVID-19」，衛福部為監測及防治

註

SARS是嚴重急性呼吸道症候群(severe acute respiratory syndrome)之簡稱，是一種非典型肺炎，主要由流行性感冒病毒、支原體、衣原體、腺病毒及其他微生物所致；而典型肺炎是由肺炎鏈球菌等常見細菌引起，症狀包含發燒、胸痛、咳嗽、咳濃痰等。經法國巴斯德生物研究所證實，SARS是冠狀病毒所引起。

34

此傳染病，已公告「嚴重特殊傳染性肺炎(COVID-19)」為第五類法定傳染病。昔日曾五度宣布「國際關注公共衛生緊急事件」，包括2009年的甲型流感病毒(H1N1)、2014年西非伊波拉病毒(Ebola)、2014年的小兒麻痺症、2015~2016年的茲卡病毒(Zika)、2019年剛果民主共和國的伊波拉病毒。從以上這六度的宣布，可知防疫病毒是大家的責任，不分國度，公共衛生已成為地球村公民必須要修的一項重要學分。

16. 對2008年中國毒奶粉——三聚氰胺的認識

2008年，中國大陸爆發奶粉中添加$C_3H_6N_6$（三聚氰胺，又稱蛋白精）的事件，引起社會一陣恐慌。三聚氰胺含氮量很高(66%, w/w)，因為食品工業中常以食品中氮原子的含量間接推算蛋白質含量，即食品氮原子含量越高，蛋白質含量就越高，因此，有不肖商人為標榜奶粉品質而在奶粉中加入此化學品。長期或大量攝取三聚氰胺對腎和膀胱易產生負面影響，如結石、腎衰竭等症狀。因三聚氰胺結石微溶於水，若常喝水將使結石不易形成，但嬰幼兒喝水量較少，且腎臟較成年人狹小，故易形成結石，2008年中國嬰幼兒毒奶粉事件中，受害者多為嬰兒之主因於此。臺灣也有不肖業者，為增加口

感與脆度，把便宜的工業用澱粉充當食用級，即俗稱含順丁烯二酸的毒澱粉。究其因，皆因成本關係，而做出危害社會之行為，實為社會國家所不能容忍之行為。

17. 2013毒澱粉事件──順丁烯二酸酐

2013年5月新聞報導揭露，某位留日化學老師將順丁烯二酸($C_4H_4O_4$)當作是製作澱粉的祕方，以更低的成本取代修飾澱粉（一般修飾澱粉，是指澱粉用酸或鹼改變其結構，使其更Q彈，更具抗凍性），且做出來的食物會更富彈性，更好吃。因此，這樣的「祕方」傳遍全國，且圍繞在我們的生活周遭。市售澱粉類食材，有番薯粉、地瓜粉、酥炸粉、清粉、粗粉、黑輪粉及澄粉等。澱粉做成的食物，如粉圓、芋圓類、豆花、肉圓、天婦羅、板條、粉粿與關東煮等魚肉煉製品，都可能含有順丁烯二酸酐的高危險食品。黑心商人為了賺錢，寧願違法且違背良心。因此，食用者不可不謹慎為之。

順丁烯二酸酐在工業上的用途，一般做為黏著劑、樹脂原料、殺蟲劑之穩定劑，及潤滑油之保存劑用。若人類食用，會對腎臟造成傷害。每天攝取最大耐受度為歐盟每公斤體重0.5毫克，美國每公斤體重0.1毫克，假設產品中含順丁烯二酸濃度800 mg/

kg(ppm)，每日食用150公克產品即會超標。攝取加工食品過量，將衝擊人類健康，如生殖發育、急性腎衰竭等。因此，應儘量多吃天然食物，多喝水，少吃加工食品。政府在2013年5月已大規模查察順丁烯二酸酐，並嚴禁使用於食品。

memo　TECHNOLOGY AND LIVING

化學萬花筒－心得

（亦可選擇其他適合的教學影帶參考資料）

任課教授：

組別： 科系： 學號： 姓名： 得分：

心得：

參考文獻

1. 健康PLUS(2002), 2, 56。

2. J.E. Howell, J.C.E., 2001, 78(11), 1441.

3. 王國忠、鄭延慧（民83），十萬個為什麼，臺南：大行出版社。

4. 沈永嘉譯（民89），有趣的科學實驗，臺北：世茂出版社。

5. http://content.edu.tw/junior/life_tech/tc_ir/life_tech01/01/brief01.htm.

6. 黃伯超，游素玲（民80），營養學精要，臺北：健康文化事業股份有限公司。

7. 續光清（民75），食品化學，臺北：徐氏基金會。

8. 劉宣良、許家銘(2003)，口罩與過濾，科學發展，368期，66-71。

9. 每天喝茶150c.c.可防癌，民生報，民88年11月1日。

10. 綠茶抗氧化，民生報，民87年3月16日。

11. Sobti, R., Dev, S.(+)Trans-Chrysanthemic acid from(+)-△³- Carene. Tetrahedron. 1974, 30, 2927-2929.

12. 維基百科(2017.06.27)，磁浮列車：https://zh.wikipedia.org/wiki/%E7%A3%81%E6%87%B8%E6%B5%AE%E5%88%97%E8%BB%8A。

13. 聯合國經濟和社會事務部人口司(2017.06.27)，世界人口前景：https://esa.un.org/unpd/wpp/DataQuery/。

14. 毒澱粉資料，參考103年3月高醫醫訊，http://www.kmuh.org.tw/www/kmcj/data/10303/21.htm，2020/1/5。

選擇題

1. 21世紀新興科技，下列何者不正確？ (A)AI (B)IoT (C)5G (D)TV。

2. 綠色消費素養中的3E消費原則，下列何者不正確？ (A)講求經濟(Economic) (B)實踐平等(Eqaitable) (C)注重環保(Environment) (D)符合生態(Ecological)。

3. 下列何者與馬戴奈(Mottainaii)女士從肯亞帶到日本的綠色消費風不謀而合？ (A)藍色革命 (B)逆風綠翅 (C)綠色經濟 (D)碳足跡。

4. 聚四氟乙烯可承受的溫度為 (A)100 (B)150 (C)200 (D)250 °C。

5. 2013年臺灣毒澱粉事件，可能含有毒澱粉的高危險食品如 (A)粉圓 (B)肉圓 (C)芋圓 (D)天婦羅 (E)以上皆是。

6. 若霾害等級達到危害程度，應選擇則何種等級的PM2.5口罩較適宜呢？ (A)D (B)C (C)B (D)A 級口罩。

7. 2008年中國毒奶粉事件與2013年臺灣毒澱粉事件，是業者何種心態所致？ (A)貪嗔癡 (B)歡喜心 (C)濟世助人 (D)利與義的實踐。

8. 光觸媒殺菌的原理，是利用下列何種物質在紫外線照射下達到殺菌除臭的目的？　(A)二氧化碳(CO_2)　(B)二氧化鈦(TiO_2)　(C)二氧化氮(NO_2)　(D)二氧化硫(SO_2)。

9. 不沾鍋內側表面塗了一層塑料王──Teflon，此化合物含有何元素？　(A)C和H　(B)C和O　(C)C和F　(D)C和Cl 兩元素。

10. 蚊蟲唾液中，因含有　(A)甲酸　(B)乙醛　(C)甲醇　(D)醋酸　，故被蚊蟲咬傷會產生紅腫。

11. 下列何種科技產品是一種低碳產品　(A)火車　(B)螢光棒　(C)數位相機　(D)以上皆是。

12. 茶和咖啡皆是提神的飲料，其共同成分是下列何物質？　(A)蛋白質　(B)咖啡因　(C)糖分　(D)維生素B。

13. 下列何種試劑可檢驗茶葉中的單寧酸？　(A)硫酸　(B)硝酸　(C)亞鐵離子　(D)碘溶液。

14. 教育學家杜威的名言：「教育即生活。」可以說是 (A)科學與社會學　(B)科學、技學與社會學　(C)技學與社會學　(D)科學與技學　的結合。

15. 下列何種物質屬非游離輻射，會對人體造成傷害？ (A)手機　(B)X-ray　(C)γ-ray　(D)以上皆非。

16. 承第15題，此種傷害是指電磁波會發出擾亂人體的下列何物質？ (A)負離子 (B)正離子 (C)自由基 (D)正電子。

17. 在日常生活應用上，光觸媒可應用在何處？ (A)分解氮氧化物 (B)去除阿摩尼亞 (C)防藻 (D)防霉 (E)以上皆是。

18. 不沾鍋的內側表面塗了一層特別的高分子材料，即 (A)Olefin (B)Teflon (C)PE (D)PP。

19. 下列何者不會引起蛋白質變性？ (A)加熱 (B)強酸 (C)強鹼 (D)冷水。

20. 茶壺中的水垢，主要成分是 (A)碳酸鈣 (B)氯化鉀 (C)氯化鈉 (D)硫酸鎂。

21. 通電的霓虹燈顏色五花八門，乃因內含有何氣體？ (A)鹼金屬 (B)鹼土金屬 (C)鈍氣 (D)鹵素。

22. 承第21題，造成此現象之原因是下列何項呢？ (A)氣體吸熱 (B)氣體放電 (C)氣體產生自由基 (D)氣體產生化學反應。

23. 螢火蟲的發光是一種 (A)吸收 (B)放射 (C)磷光 (D)冷光發光。

24. 2008年中國毒奶粉事件，是指業者在奶粉中添加下列何種物質而導致兒童受害？　(A)順丁烯二酸　(B)銅葉綠素　(C)三聚氰胺　(D)食鹽。

25. 下列何者是蚊子的剋星？　(A)順丁烯二酸　(B)三聚氰胺　(C)除蟲菊酯　(D)天婦羅。

26. 2013年臺灣毒澱粉事件，是指業者在食材中添加下列何種物質而導致腎臟受損？　(A)順丁烯二酸酐　(B)銅葉綠素　(C)三聚氰胺　(D)食鹽。

問答題

1. 物質的發光有兩種類型，即熱光和冷光，試問如何區分此型態？

2. 蛋白質變性(denature)的條件為何？

3. 哪些物質易導致人體過敏？

4. 喝茶對身體有何益處？

5. 水銀溫度計打破了應如何處理？

6. 何謂STS？

CHAPTER 02

營養與健康

追求長壽與健康是人類自古以來渴望的一致目
標，邁入21世紀的新旅程，所追尋的健康觀點應該
是朝著全方位發展，廣泛結合身體、心理和靈性
三方面的健康，以滿足身、心、靈三方面的健
康，方為全方位的健康。要達到身體方面的健康，
需作定期健康檢查、推動體適能觀念、提供健康的工作環境與充
足的營養。而心理的健康則需從衛生教育及壓力抒解著手，並配合
心理健康測驗來了解。靈性的健康包含生涯規劃、生命倫理與價值
教育、宗教服務與適當的休閒等方面，這是許多人匱乏之處，尤應
積極參與。推動健康DIY可使一般人具備上述大部分的觀念，但多數
人在營養方面的一般知識仍略嫌不足，因此，本章節配合生活需
要，介紹基礎的飲食營養保健基礎概念供參考。

N utrition and Health

2-1 營養概論

　　消費型態往往可決定一個人的體型，「You are what you eat」，喜愛到「×××元吃到飽」處消費的人通常體型偏胖，熱量攝取量常因美食當前無法抵擋，暴飲暴食的結果，易導致營養過剩而影響健康。因此，熱量的攝取必須加以控制，避免後患無窮。晚餐與疾病，似乎越來越貼近忙碌生活的寫照。

　　人體每天需攝取四十多種營養素，所需要的營養素依來源大致可分為水、礦物質、維生素、蛋白質、醣類以及脂肪等六大類，前三類屬於非能量型營養素，而後三類則為能量型營養素。營養素除提供熱量外，尚可調解生理機能與組織的建造、修補等功能性，茲分述如下：

一、水

　　水的攝取量，成人一天約2,000~3,000c.c.，視氣溫、個人活動量而定，通常以該日平均氣溫乘上100倍，即為當天所需攝取之水量。在健康水的飲用上，尤須注意以下幾點：蒸餾水和逆滲透的水常因蒸餾與半透膜的原理而使水質純淨，幾近純水，但

可惜的是許多微量元素、礦物質等會缺乏。因此，一天中喝的水應有一部分是來自自來水沸騰除氯後的水，方能攝取水中的營養素。有些人喜愛用熱水瓶燒開水，除氯的動作是必要的，且要常常換洗熱水瓶，否則會因化學變化而形成致癌的氯甲烷系列產物，故喝水還需具備一點小常識，才能喝出健康有活力的水源。水是優良的溶劑，也是營養素的運送介質，不但可調節體溫，更是調節滲透壓與身體排泄的重要物質。因此，水的重要性不言而喻。氯與甲烷在加熱的情況下，易形成三氯甲烷（$CHCl_3$，俗稱氯仿），影響身體健康。其化學反應如下：

$$3Cl_{2(g)}+CH_{4(g)} \rightarrow CHCl_3+3HCl$$

二、礦物質（微量元素）

人體內存在的礦物質種類很多，在人體中含量多、需要量也多的較大量元素有：鈣(Ca)、鉀(K)、鈉(Na)、氯(Cl_2)、鎂(Mg)、磷(P_4)、硫(S)等七種，又稱為巨量礦物質。含量少且需要量也少之微量元素有：鐵(Fe)、銅(Cu)、碘(I_2)、錳(Mn)、鋅(Zn)、鈷(Co)、鉬(Mo)、鋁(Al)、硒(Se)、氟(F_2)、鉻(Cr)等，又稱為微量礦物質。體內礦物質具有動力平衡現

象，所需甚微之量即足夠，攝取太多或缺乏都不宜，因為它是維持身心健康不可或缺的微量元素。食鹽是鈉和氯的來源；水果、蔬菜是鉀的主要來源；鈣來自蛤蜊、牡蠣、牛奶、芝麻、豆類、堅果類、吻仔魚、小魚骨頭等之含量較多；鐵來自紅肉（如豬肉、牛肉與羊肉）、綠葉蔬菜，富含維生素C之食物可促進鐵質的吸收，如番石榴、番茄、檸檬、柑桔類等；磷、鋅、鎂、鉻、碘等來自多穀類、海產類食物；其他尚有許多微量元素如硒、鉬等，可自飲用水取得。硒

表 2-1　人體中礦物質的功效

礦物質	在人體中的主要功用
鈣(Ca)	構成牙齒、骨骼主要成分。
磷(P_4)	構成牙齒、骨骼主要成分、調節酸鹼平衡。
鈉(Na)	維持正常的滲透壓、酸鹼平衡、水分分布。
鉀(K)	維持正常的滲透壓、酸鹼平衡、水分分布。
氯(Cl_2)	維持正常的滲透壓、酸鹼平衡、水分分布。
鎂(Mg)	抑制骨骼鈣化、放鬆肌肉、維持心臟、肌肉、神經之正常功能。
硫(S)	指甲、毛髮中角蛋白的主要胺基酸成分。
鐵(Fe)	造血元素、預防貧血、神經衰弱、疲憊、胃潰瘍與食慾不振。
錳(Mn)	酵素輔酶。
碘(I_2)	合成甲狀腺激素主要成分、調整細胞氧化作用。

(Se)是一種快樂的元素,含硒(Se)的食物有雞肉、海鮮、全穀類、全麥麵包等。廣泛攝取食物和良好水源是必要的。礦物質是牙齒、肌肉、骨骼、血液和神經細胞的構成要素,不同礦物質在身體中所扮演的功效不同,如表2-1所示。

三、維生素

維生素是一種有機物質,人體內不能合成,人體對維生素的攝取需求不多,主要用以維持生命、促進生長、調節蛋白質、脂肪和醣類等新陳代謝所必需之物質,缺乏則會造成身體機能障礙,產生細胞病變。重要維生素的功用顯示於表2-2。維生素A、D、E、K等屬於脂溶性維生素,每天不宜攝取過多,否則有害無益;而維生素B群和C為水溶性維生素,較無過多之虞,但也應適量,二者皆屬非能量型來源,但對人體生理代謝的參與和調節,扮演重要的影響機制。攝取各種全穀、豆類、蔬菜、水果、奶、蛋和肉類便已擁有足夠之維生素。從自由基(傷害人體細胞的不成對電子)和抗氧化劑(保護人體細胞)的觀點,發現若具抗氧化作用的維生素C、E能多補充攝取,則對降低心臟疾病和其他慢性疾病的罹患是有助益的。能講究攝取生鮮而粗糙

的蔬果、全穀、種子，減少烹調和加工所造成維生
素的破壞，其營養價值當然更好。

表 2-2　維生素的功用

維生素種類	食物來源	生理功能	缺乏症
維生素A（視網醇）	胡蘿蔔、魚肝油、綠色蔬菜	促進視力、牙齒、骨骼發育等	牙齒發育不全、夜盲症、乾眼症等
維生素D（導鈣素）	牛奶、日光、蛋黃等	鈣的代謝	低血鈣、佝僂症等
維生素E	小麥芽、橄欖油、玉米油、紅花籽油等	抗氧化劑、維持正常細胞膜構造和功能所需	老化、不孕症
維生素K	乳酪、牛奶、蛋黃	凝血作用	增加凝血時間
維生素C（抗壞血酸）	蔬果、柑橘類、番石榴	參與體內氧化還原反應	壞血病
維生素B_1	牛奶、胚麥等	輔酶	腳氣病、末梢神經炎
維生素B_2（核黃素）	牛奶、蔬果、內臟	輔酶	口角炎、掉髮
維生素B_{12}（鈷醯胺）	肉類、肝	與Co(III)共價結合	惡性貧血
葉酸	綠色蔬菜、小麥芽	參與核肝酸之合成	生長遲緩、貧血等
泛酸	葉菜、肉	輔酶前趨物	皮膚炎、脫毛
維生素B_6（吡哆醇）	胚麥、牛奶、肉等	胺基酸代謝有關	貧血、結石、嬰兒抽筋

四、蛋白質

每克蛋白質可提供4大卡熱量，其為人體組織構成之主要物質，由22種胺基酸組成。依據胺基酸的種類與順序排列，產生調節體內機制不同功能的蛋白質。魚類、肉類、蛋類和奶類富含動物性蛋白質，因常蓄存較多動物性脂肪，且擔心荷爾蒙、抗生素的殘留，不宜攝食太多，專家提醒動物性蛋白質的量，每日攝取量以手掌心之厚薄作為攝取量之參考；植物性的蛋白質如豆類、堅果類，不僅較無上述的顧慮，且具有防癌、預防骨質疏鬆等重要成分，值得倡導。蛋白質是身體中肌肉、血液、皮膚和毛髮的重要構成物質。

五、醣類

人體熱量主要來源，主要組成元素有C、H、O，其中H、O比例2:1，故醣類又稱碳水化合物。每公克可提供4大卡熱量。醣類可分為單醣、雙醣與複合碳水化合物（指澱粉和纖維質等多醣類）。單醣、雙醣屬精製的醣類，前者如葡萄糖、果糖和半乳糖，而後者如

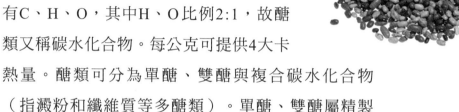

麥芽糖、蔗糖和乳糖等，這些易使血糖升高，引起胰島素分泌過多，對健康不利，不宜多吃；複合碳水化合物，指粗糙的米、麥、五穀，含有澱粉、纖維質、維生素及礦物質，好處甚多，為熱量主要來源，故稱主食。

六、纖維質

纖維質可分為二類：一為不可溶的纖維質，如芹菜、糙米、竹筍、番薯葉、空心菜等，渣滓甚多，配合足夠水分可刷洗腸壁，刺激腸子蠕動，預防便祕、大腸癌等；另一類為水溶性纖維質，如綠豆仁、燕麥，煮起來會出現糊狀物，含豆膠、果膠等，能延緩血糖上升，並降低血膽固醇，有益於糖尿病、心臟病病患。上述兩種纖維質皆具備者，例

如：蘋果果肉含果膠，屬水溶性纖維質，果皮較硬則屬不可溶纖維質。精緻的白米、糕餅、果汁等不宜多吃；應吃大量天然的蔬菜、水果、粗糙的全穀雜糧，好處甚多。瑞士的果乾全穀片，是不錯的早餐食物；漢堡、炸薯條的美式速食熱量太高，所含蔬菜水果太少，屬於不健康飲食，尤其是汽水、可樂等飲

料，會干擾腸胃鐵質和鈣質吸收，因而影響發育中
孩童的健康，尤應適當控制與減量。

七、脂肪

脂肪每公克可提供9大卡的熱量，炸雞、炸臭豆
腐、滷肉飯等飲食，雖美味可口，但屬高油脂的食
物，是埋下日後慢性疾病與肥胖的重要原因。健康
的飲食應以選擇少油脂含量的食物或富含有益油脂
的食物，如石斑魚、白鯧魚、牡蠣、烏魚子、秋刀
魚、鮭魚、鱈魚、日本花鯖魚等。脂肪的功能除提
供必需脂肪酸外，尚可增進脂溶性維生素吸收與飽
足感。常見食物的熱量參考，見表2-3所列舉。

表 2-3　常見食物類別的熱量表

食物類別	高熱量	低熱量
1.主食	菠蘿麵包、夾心酥餅、奶油蛋糕	吐司、蘇打餅、米飯
2.蔬果類	蜜餞、果汁、罐頭、炸蔬菜（薯條）	新鮮蔬果、瓜類
3.奶、肉類	全脂奶、煉乳、調味乳、魚罐頭、肥肉、肥腸、炸雞塊、香腸、醃肉、奶油、沙拉	脫脂奶、魚肉、瘦肉、雞肉、海參
4.油脂類	巧克力、甜甜圈、肉乾、炸花生	蒟蒻、燒仙草、豆腐、洋菜、木耳、蓮子、薏仁

2-2 健康飲食DIY

　　吃出健康、吃出窈窕的飲食原則是採低鹽、低糖、低油和低熱量，再輔以均衡的飲食，必可獲得足夠的營養素，這也是飲食的重要指標。我國國民健康飲食指標有多項，就維持理想體重而言：理想體重(Kg)參考指標計算方式，可用$22×h^2±15\%$（h是指身高，以公尺為單位）或是男性：$(h-80)×0.7±10\%$，女性：$(h-70)×0.6±10\%$（h指身高，以公分為單位）；另外，亦可以BMI值來衡量是否過重，BMI是指一個人的體重(Kg)除以身高(m)的平方所得之值，依照衛生福利部標準，BMI大於24算過重，超過27算肥胖，醫師則將標準下降為23。均衡攝取各類食物：三餐以全穀雜糧類為主食，一天中攝取的食物種類除主食外，尚包含蔬菜類、水果類、肉類、乳品類、油脂類等。盡量選用高纖維的食物，如蘋果和蔬菜等；以少油、少鹽、少糖的飲食為原則——烹調多採蒸、煮、燙，少用醃、燻、烤；並且多攝取鈣質豐富的食物，如吻仔魚、低脂牛奶等。多喝開水——多喝健康的水，有助新陳代謝與調節體溫，視氣候而定，平均每日至少約需2公升。

飲酒要節制——酒乃百藥之首，俗語說：「酒能喝也不能喝。」適量飲酒可以增進好的膽固醇(HDL)，提高免疫力，每天約30mL的酒類量，最適宜養生學，過量飲酒可能會誘發瞬間中風，如眼皮失去彈性而眼瞼下垂等現象，久而久之易造成脂肪肝，甚至肝硬化或食道癌等問題。

行政院衛生福利部最新飲食指南，如上圖，對成人每日六大食物建議攝取量為：全穀雜糧類1.5~4碗，水果類2~4份，蔬菜類3~5份，豆魚蛋肉類3~8份，乳品類1.5~2杯，油脂與堅果種子類（油脂3~7茶匙，堅果種子類1份）。

一向高油脂、高熱量飲食的美洲國家，也漸漸感受到慢性疾病（如肥胖、冠狀心臟病、腦中風、

高血壓、肝硬化、糖尿病與癌症等）的威脅，在飲食方面開始重視，並且紛紛效仿地中海飲食，提出「five a day」，鼓勵每日至少應攝取五份以上蔬菜和水果。2004年起，美國癌症協會(ACS)及臺灣癌症基金會提出新一代全民健康飲食觀念，即「蔬果579」和「彩虹原則」。為提升蔬菜水果食用量，2~6歲的學齡前兒童每天應攝取三份蔬菜、兩份水果；6歲以上學童及所有女性成人每天應攝取四份蔬菜、三份水果；青年及所有男性成人應每天攝取五份蔬菜及四份水果，此即為「蔬果579」。蔬果色彩大致有綠、藍、紫、白、黃、紅、橙等七色，營養價值不盡相同，應均衡食用，此原則稱為蔬果的

「彩虹原則」。醫學上也證明每增加一份蔬果，特別是深色蔬菜（如深色菜葉、木瓜、番茄、胡蘿蔔、甜瓜、甜蕃薯等等）的攝取量，可降低30~40%的心血管疾病罹患率，因此，每天五到十份攝取量，是值得鼓勵和推廣的。

地中海飲食，使得地中海域各國心臟疾病的罹患率甚低，其飲食特色為每日多吃蔬菜、全穀、水

果外，也攝取油脂與堅果種子類等食物；每日選用
好油，如橄欖油，有預防老化與癌症作用，是公認
的健康食品，而橄欖葉更是植物性抗高血壓劑；常
吃乾酪、酸乳酪；多吃魚類，特別是來自深海的魚
類；少吃紅肉（牛肉、豬肉與羊肉等）。這類飲食
的原則不外乎是遵守二多三少的飲食，即食物的種
類要多樣化，多吃蔬菜、水果和全穀類，少一點
油，少一點鹽，少一點糖。

　　蔬菜、水果類、全穀類、豆類等植物
性的食物，除了供給醣類、蛋白質、脂肪、
維生素、礦物質之外，尚有纖維質，植物性
的食物中含有多種抗氧化劑與植物性維生素
化學因子，如維生素C、維生素E、β胡蘿蔔
素等，均為常見的抗氧化劑，可抑制自由基
對人體的傷害，因而可防止老化、預防慢性
疾病與預防癌症等功能。

　　植物性的食物中最具防癌效果的有綠茶中的多
酚類(polyphenol)、紅葡萄酒中的花青素
(resveratrol)、番茄中的茄紅素(lycopene)、大蒜中的
二丙烯基硫醇(dially sulfide)、豆類（如黃豆）中的
異黃鹼酮(isoflavones)、異硫氰氨(isothiocyanates)和

吲哚(indole)、紅茶中的茶黃質(theoflavin)、柑桔類（citrus fruit，如橘子、香吉士、檸檬、葡萄柚、文旦、柳丁）、十字花科生鮮蔬菜含硫醣苷水解物(dithiolthiones)（十字花科生鮮蔬菜如紫色甘藍菜、芥菜、青江菜、油菜、綠花椰菜、芽甘藍、花椰菜、蘿蔔、大白菜、小白菜、大頭菜、芥蘭菜）等。

新鮮蔬果的好處甚多，唯一的缺點是農藥殘餘的問題，因此，食用時不得不稍加注意。

油品的選擇與認識，對現代的每一位大眾皆非常重要。油脂是一種長鏈脂肪酸甘油酯的有機化合物，常溫下為液體的油脂稱為油，而固體的油脂稱為脂肪。油脂攝取量較高的歐美國家，乳癌罹患率有偏高的趨勢，但是日本、越南、泰國等國家在食物料理上講究非常清淡，油脂攝取量較少，乳癌罹患率則偏低。地中海域國家，油脂的消耗量雖然不少，但乳癌罹患不高，究其因是其在油脂種類的選擇上下功夫。油脂是碳(C)、氫(H)、氧(O)三元素組成的分子，其中C與C之間的鏈都是以單鏈(C-C)連結者稱飽和脂肪酸(saturated fatty

acid)。若只含一個碳碳雙鍵(C=C)則稱為單元不飽和脂肪酸(mono-unsaturated fatty acid)，含有兩個以上的雙鍵(C=C)則稱為多元不飽和脂肪酸(poly-unsaturated fatty acid)。含飽和脂肪酸較多的油脂，如動物油等，一般認為會使低密度脂蛋白（LDL，即不好的膽固醇）增加，導致血管易於堵塞，不宜攝取過量。單元不飽和脂肪酸含量較多者，如橄欖油(olive oil)、芥花油等，它能降低LDL，減少慢性疾病機率，對乳癌和糖尿病患者的病情控制有所助益。

而多元不飽和脂肪酸中的Omega-6與Omega-3兩種，多為人體所必需。多元不飽和脂肪酸易受熱影響而產生致癌物，傳統中式烹調特色為油多火旺或採用油炸的方式，此方式不宜用多元不飽和脂肪酸之油脂，但燙青菜後再用它來淋油調理，或澆拌於生菜中倒是不錯的方法。蔬菜油如玉米油、沙拉油、葵花油、芥花油、大豆油等多屬Omega-6。Omega-3的多元不飽和脂肪酸，主要存在魚油中（動物油中唯一的液態油脂），如鮭魚(salmon)、鯖魚(marker)、鯡

註

Omega-3是指雙鍵位在第3個碳上。

魚、鮪魚，可降低腦中風、高血壓、心臟病和癌症
的罹患率。在深海魚體內可合成DHA，對視網膜、
大腦和生殖能力有益，亦可改善憂鬱症。除深海魚
類之外，陸地植物以亞麻子較多，桐油、蓖麻油、
核桃和芥花油、大豆油中亦含有少許Omega-3的多元
不飽和脂肪酸。

　　美國癌症協會與心臟協會提出一種健康用油攝
食法，即三分之一的飽和脂肪酸加上三分之一的單
元不飽和脂肪酸，再加上三分之一的多元不飽和脂
肪酸所組合而成的油屬健康用油；油品的儲存須在
陰涼通風處，避免放在高溫的爐邊或存放在金屬容
器中，舊油與新油忌諱混合以防油脂酸敗或變質。
此外，油脂在遇到水分時，會因發生水解作用而產
生脂肪酸及甘油，聚合作用和氧化作用也會造成油
脂敗壞。

　　總之，健康的飲食是快樂的泉源，低油、低鹽、
低糖、低熱量的飲食，加上良好的習慣，如定時定
量、勿暴飲暴食、專心吃、延長用餐時間且細嚼慢
嚥、不吃宵夜等進食習慣，要吃出健康是不難的。

2-3　飲食與防癌

　　生活習慣與飲食習慣是兩件個人健康的重要因素,現代人進用食物大多不虞匱乏,但各種慢性病、癌症、心血管病症等,嚴重威脅著我們的健康。人們罹患癌症的年齡正急遽下降,且比例亦明顯增加。雖說現代醫學可延長壽命,但如果是不健康、癱瘓的生命,是毫無意義可言的。所謂病從口入,問題的癥結便是在我們的飲食。

　　新鮮蔬果可能受農藥、重金屬、化學肥料的汙染;雞肉、豬肉、牛肉和蛋等可能含有抗生素、荷爾蒙等憂慮;若這些不健康的因子在體內長期累積到一定量後,再加上過度緊張的生活與無法抒解的壓力,就容易誘發各種慢性文明病。科學家指出,21世紀人類健康三大隱憂,第一是癌症,第二是藍色憂鬱症,第三是愛滋病。因此,生活習慣與飲食習慣不得不適度加以約束。癌症的成因很複雜,但依據專家研究,癌症與飲食因子、環境因子、遺傳因子和病原體等有密切關係,約有35%是與飲食有

關，30%與吸菸有關，因此只要不吸菸（一口菸會產生千萬個自由基）且飲食正確，大多數的癌症是可以預防的。

飲食常見的致癌物約有五項：

一、多環芳香烴(polyaromatic hydrocarbons, PAHs)

如焚香拜拜的煙、吸菸、高溫炒菜的油煙和有機溶劑（苯）等均含有致癌的多環芳香烴。故，常常暴露在此種環境下易致癌。

二、雜環胺(heterocyclic amines)

動物蛋白燒焦物，如全熟的牛排、烤焦的魚肉、烤香腸等含有雜環胺。經常吃這類的食物易致癌。

三、亞硝酸胺(nitrosamines)

存於香腸、臘肉、火腿、臘腸、蝦膏、梅菜、鹹菜等醃製食物中。攤販賣的烤香腸，常薰到油煙，且又有燒焦物，其對人體危害大，但國人卻很聰明，香腸伴隨切片的大蒜吃，而大蒜是最強的抗癌食物，因此，可抑制亞硝酸胺。吃烤肉雖無妨，

但仍需多吃些大蒜、番茄、含花青素之深綠色抗癌
蔬果等。然而碳烤食物畢竟還是不宜常吃，才能永
保安康。

四、黃麴毒素(aflatoxin)

黃麴毒素是導致肝癌的重要原因之一，存在長
霉花生、玉米、小麥和稻米等作物產品中，發霉食
物不宜吃，並且少吃花生類製品，若經不起誘惑則
以吃新鮮產品為宜，因為這些食品在濕熱環境下極
易產生黃麴毒素，下圖是黃麴毒素的結構式。

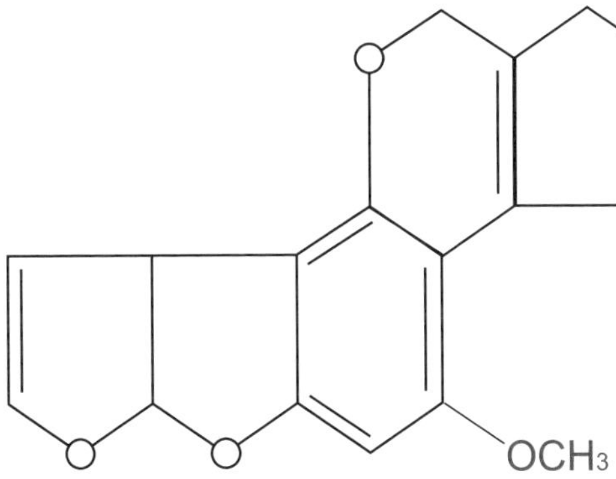

五、三氯甲烷(trichloromethane)

三氯甲烷俗名為氯仿($CHCl_3$, chloroform)，自來
水添加過量的氯所致，肺癌、肝癌與此有關。而家
中三氯甲烷的來源有二：一為使用熱水瓶燒開水，

未常常換洗導致水中的氯氣與空氣中的甲烷產生鹵化作用所致；另一來源是來自浴室中的熱水，因此，長時間在通風不佳的浴室洗澡會有不良影響。關於三氯甲烷的結構式如左圖所示。

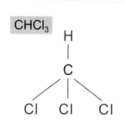

為減少三氯甲烷的吸入，洗澡宜保持浴室的通風，且煮開水也應除氯，最重要的是，熱水入口處前宜裝置氯氣過濾設備，洗澡時可減少氯仿的吸入。

預防癌症最重要的措施乃是從飲食習慣和生活型態作調整，讓癌細胞無從發生或無法增生、擴散。保健之道首在避免各種汙染物質進入我們的體內。食用健康營養的有機食品將是您獲得健康的根本，多吃抗癌食物，少吃致癌食物。健康的飲食方法與正確的飲食知識是必要的。飲食中膽固醇、飽和脂肪酸、酒精、糖和鹽是五個重要的危險因子，尤應重視。

董氏基金會提出的全人營養值得大家重視，即從頭到腳、從小到老、全方位、一貫而正確的飲食，其中包含五大原則：

一、六類俱全

　　每日飲食皆應涵蓋全穀雜糧類、蔬菜類、水果類、豆魚蛋肉類、乳品類、油脂與堅果種子類等六大食物，以獲得完整的營養。

二、聰明分配

　　飲食要像金字塔，以全穀雜糧類為主要基礎，多吃蔬菜和水果類，適量攝食豆魚蛋肉類和乳品類。

三、多樣選擇

　　每類食物皆多樣選擇，彼此搭配，盡情享受飲食變化、口味翻新的樂趣。

四、節制油、糖、鹽

　　少吃富含油、糖、鹽的食物，可降低罹患心血管疾病、糖尿病、高血壓和癌症等文明病的機率，糖是癌細胞的重要營養來源，患者宜慎思。

五、彈性調整

　　三餐中均衡飲食的搭配是一種藝術，若午餐吃了雞腿，晚餐應多吃蔬果，唯有均衡的飲食方能吃出健康。

　　總之，真正自然、有益的飲食不是刻意追求天然、健康的食物，而是均衡飲食，也就是菜市場中垂手可得的蔬果、奶、豆、蛋、魚、肉和全穀雜糧類，是每天均衡飲食所需之食物。

memo　　TECHNOLOGY AND LIVING

少即是美的化學－心得

（亦可選擇其他適合的教學影帶參考資料）

任課教授：

組別：　　　科系：　　　學號：　　　姓名：　　　得分：

心得：

參考文獻

1. 陳明造、葉東柏(1987)，基礎生物化學，臺北：藝軒圖書。

2. 北市衛生雙月刊(2001), 56, 13。

3. 北市衛生雙月刊(2001), 58, 35。

4. 不勝酒力卻愛喝酒的人，小心得到食癌。健康PLUS, 2002, 2, 56-62。

5. 楊昌學，營養、飲食與癌症。健康世界，2001, 107-110。

6. 黃伯超、游素玲(1990)，營養學精要，臺北：健康文化事業。

7. 顏國欽(1988)，食品安全學，臺北：藝軒圖書。

8. 謝俊德、張翠雅，高血壓一無形沉默的健康殺手，臺灣醫界，2003, 46(4), 31-34。

9. Marion Nestle. (2007), Eating Made Simple. How do you cope with a mountain of conflicting diet advice? Scientific American, September, 34-43.

選擇題

1. 下列含何種食物，吃了可使人快樂呢？ (A)櫻桃 (B)香蕉 (C)多穀類麵包 (D)以上皆是。

2. 下列含何種元素之礦物質可使人有愉悅感？ (A)Fe (B)Se (C)Mg (D)Na。

3. 身高180公分的男子，其理想體重（$22 \times H^2 \pm 15\%$，H表公尺）下列何者最接近？ (A)62 ± 9 (B)71 ± 9 (C)50 ± 9 (D)80 ± 9 公斤。

4. 發霉食品中含有何種易致癌的物質？ (A)黃麴毒素 (B)亞硝酸胺 (C)雜環胺 (D)三氯甲烷。

5. 美國癌症協會與心臟協會提出健康用油攝食法為何？ (A)含飽和脂肪酸的油 (B)含單元不飽和脂肪酸的油 (C)含多元不飽和脂肪酸的油 (D)前三者各1/3所組成的油屬健康用油。

6. 下列何種物質含自由基，會對人體造成傷害？ (A)高溫炒菜油煙 (B)浴室中的熱水 (C)燒焦的蛋白質 (D)發霉食品。

7. 下列何者適合當代飲食參考原則？ (A)二多三少的飲食 (B)彩虹原則 (C)蔬果579原則 (D)以上皆是。

8. 蔬果中，何者為水溶性纖維質？ (A)綠豆仁 (B)番薯葉 (C)糙米 (D)芹菜。

9. 何種維生素非水溶性物質？ (A)維生素B_1 (B)維生素C (C)維生素B_{12} (D)維生素K。

10. 下列何種礦物質元素可抑制骨骼鈣化，放鬆肌肉，維持心臟、肌肉、神經之正常功能？ (A)P_4 (B)Ca (C)Mg (D)Fe。

11. 下述何者不是好油？ (A)冷壓、粗榨、未精製、未氫化的天然植物油 (B)精煉處理（經有機溶劑高溫萃取） (C)富含必須脂肪酸如Omega-3脂肪酸 (D)富含脂溶性維生素A、D、E (E)穩定性高 (F)消化和吸收率高：植物油比動物油佳。

12. 下列何種動物油屬液態油脂？ (A)豬油 (B)酥油 (C)魚油 (D)奶油。

13. 油脂敗壞的原因為何？ (A)氧化作用 (B)水解作用 (C)聚合作用 (D)以上皆是。

14. 油脂在遇到水分時，因發生何種作用，會產生脂肪酸及甘油？　(A)氧化作用　(B)水解作用　(C)聚合作用 (D)以上皆是。

15. 油脂類的貯存，何者不宜？　(A)舊油與新油混合　(B)避免將油脂存放在陽光下　(C)避免存放在金屬容器中 (D)添加抗氧化劑。

16. 油脂含有哪些元素呢？　(A)C、N、O　(B)C、H、P (C)C、H、N　(D)C、H、O。

17. 關於油脂的敘述，何者有誤？　(A)油脂中的魚油是液態 (B)油脂的攝取量與乳癌成正比　(C)多元不飽和脂肪酸易受熱影響而產生致癌物　(D)含Omega-3的油脂可降低癌症的罹患。

18. 食物烹煮10分鐘方式，排碳量的高低排序，由高至低：a生吃、b油炸、c碳烤、d電磁爐、e微波爐　(A)abcde　(B)cbdea　(C)bcdae　(D)cbeda。

19. 下列為常見的抗氧化劑，何者可抑制自由基對人體的傷害？　(A)維生素C　(B)維生素E　(C)β胡蘿蔔素　(D)以上皆是。

20. 缺乏何種維生素，會造成佝僂症？ (A)維生素A (B)維生素B (C)維生素D (D)維生素K。

21. 缺乏何種維生素，會造成夜盲症？ (A)維生素A (B)維生素B (C)維生素D (D)維生素K。

22. 缺乏何種維生素，會造成口角發炎？ (A)維生素A (B)維生素B_1 (C)維生素B_2 (D)維生素K。

23. 缺乏何種維生素，會造成壞血病？ (A)維生素A (B)維生素B (C)維生素C (D)維生素D。

24. 下列何者屬於高熱量的食物？ (A)海參 (B)吐司 (C)甜甜圈 (D)木耳。

25. 下列何種蔬果含豐富維生素C？ (A)番石榴 (B)蘋果 (C)香蕉 (D)竹筍。

問答題

1. 簡述體內所需礦物質之食物來源？

2. 精製的醣類對人體健康有何影響？複合碳水化合物為何是熱量的主要來源？

3. 簡述纖維質的分類？

4. 敘述吃出健康、吃出窈窕的飲食原則？

5. 敘述「地中海飲食」之飲食特色？

6. 闡述生活中飲食常見的致癌物？

CHAPTER 03

科技與養生食品

　　食補養生是傳統中醫的理論，但西方醫學研究結果也顯示，飲食的選擇對生老病死的確具有決定性的影響。目前國人都有「吃得營養，就會更健康」的基本認知，也非常願意選擇營養價值高的食品作為保健的起點，因此，機能性養生食品短時間內即可在國內市場蓬勃發展，其根基在於此。再者，環境品質的惡化（如空氣汙染、水汙染、土壤汙染等）、生活忙碌以致運動量減少、飲食習慣不佳（攝取高熱量、高油脂的速食）、氣候異常等因素，使得現代的大多數人抵抗力普遍變差，罹患各種文明病，因此，營養保健已經成為現代人必備的常識之一。

　　歐美民眾將養生健康食品分為：自然食品、減肥食品、維生素類強化食品、保健食品、治療食品、預防過敏專用食品、礦物質類強化食品、健康飲料類食品等多樣化養生健康食品。日本食品產業中心對健康食品的定義是：「健康食品絕非醫藥品，健康食品是在消費者希望變得健康的想法下，主動積極地攝取特定食品；因此期待意味遠大於實際功效」。健康食品是在消費者期待健康的心理下所食用的食品，因此，健康食品必須具有預防疾病和維持健康的功效，方可幫助消費者達到積極保健的目的。

Technology and Healthy Food

食品上市時，都只是「一般食品」，而「健康食品」則需依健康食品管理法之相關規定，經驗證登記取得許可後，才能稱為「健康食品」。健康食品的標示或廣告，不得有虛偽不實、誇張、涉及醫療效能之內容，而且其宣稱之保健效能也不得超過許可範圍。例如，核准之功效宣稱為「可降低血脂肪」，但產品卻對外宣稱「可有效治療高血壓」，則違反健康食品管理法第14條之規定（宣稱之保健效能超過許可範圍），將處新台幣10萬元以上50萬元以下罰鍰。而一般食品若宣稱治療心臟病、糖尿病、肝硬化，則違反食品衛生管理法第19條之規定，將處新台幣20萬元以上100萬元以下罰鍰。

3-1 機能性食品養生「心」觀念的確立

食品可分為「一般食品」及「健康食品」，只有經登記取得健康食品許可證者，才能稱為「健康食品(health food)」。一般民眾常把吃了可以變健康的食品叫做「健康食品」，但是醫學研究顯示，食品的保健養生功效取決於食品的功能性(functionality)；即食品中的營養成分和生理活性物質，經過人體消化吸收利用後，會對生理機能產生不同程度的調節作用，於是研究人員便把這類食品命名為「機能性食品(functional food)」。根據《機能性食品》（李佩玲，1994）一書的解釋，除了營養價值外，凡是能夠對食用者的生理健康、心理健康及整體功能有所助益的食品都可稱為機能性食品。日本的法規則更明確地將機能性食品的範疇定義為：

1. 來源必須是天然食品。

2. 可以作為每日膳食之用。

3. 經過人體消化吸收之後有調節生理機能的作用。

臺灣保健食品市場成長快速，民國88年為新臺幣200餘億元，時至今日每年約有300億元左右的水

準，市場越來越龐大，對民生福祉及產業發展影響深遠。立法院於88年1月通過健康食品管理法，且於同年8月3日開始實施。此後，我國開始有與藥事管理法和食品衛生管理法平行的法律，來規範市面上的健康食品。健康食品管理法實施後，「健康食品」這四個字已成為法律名詞，法規上的定義為「指提供特殊營養素或具有特定之保健功效，特別加以標示或廣告，而非以治療、矯正人類疾病為目的之食品」。因此，所有想稱為「健康食品」的商品，都需經過衛生福利部認證。

　　一般食品除了部分經公告需辦理查驗登記者外，其餘是不需要登記的，所有食品均不能作誇大、虛偽、涉及療效之標示或廣告，健康食品可以訴求特定的保健功效，一般食品則不得為之，健康食品是需要事前登記許可，才能輸入或產製。因此，業者可依其掌握的科學證據來說明食品之生理功能，或預防疾病的醫學特色。健康食品屬於「預防醫學」領域，健康食品雖經認證具有一定保健功效，但僅供日常保健，增進健康、減少疾病風險，而非替代藥品、供治療、矯正疾病。身體不舒服，應尋求適當醫療管道，以免延誤就醫損害健康。而

衛生單位的管理是將可食用的東西分為「食品」與「藥品」二大方向。凡是經過純化，多為純物質且劑量高，使用在人體疾病狀態或生理功能相關者均歸屬藥品；而食品則為混合物或劑量濃度較低的成分。使用在健康狀態只歸果腹和提供人體所需之基本營養素。

健康食品則以特定加工或處理方法分離或精製某些有效生理活性成分，其濃度介於藥品與食品之間，使用於人體健康時的預防保健或亞健康狀態。然而，健康食品可能具有保健用途，也可能有預防功用，但它終究是食品，不能用來治療任何疾病，只能作為預防保健用。健康食品選擇得當是補身，認識不清則會傷身，市面上發生的保力安事件（以豬飼料充當健康食品出售）、減肥菜慘劇（導致食用者器官衰竭或死亡）等案例，使得消費的大眾對此發出不少疑慮：健康食品真的對健康有幫助嗎？什麼樣的人該吃健康食品？健康食品要如何選購才會有保障？事實上，醫學專家們也都一致肯定，均衡飲食及完善營養對健康的維持絕對有其正面的影響，而現有的研究結果也支持此一觀點，認為健康食品確實有一定的功效。歐、美、日各國的醫學、營養學、免疫學、生命科學及其他相關研究，都證

明機能性食品增益健康的效果，頗值得社會大眾重視，也肯定機能性食品具有維持健康、預防或改善代謝症候群（metabolic syndrome，徵狀包含肥胖、高血壓、高血糖、高血脂等）、強化免疫系統和延緩老化的功效。

根據科學文獻論述，研究人員將機能性食品的保健養生功效歸納出三個決定性因素：

1. 食品所包含的營養組成和生理活性物質。
2. 食品功能性的作用機制。
3. 食用者身體的相關症狀。

健康是個人的權利，而保健也是個人的義務，目前消費市場上頗受歡迎的機能性食品，其實以現有科學文獻，以個論的方式，列舉其來源、成分、製造方法，輔以醫學理論和相關研究成果，可清楚說明其機能性功效。

人的老化與癌症、心肌梗塞、老年失智症、糖尿病等慢性疾病與自由基（具不配對的單一電子，因此攻擊性強，可破壞基因、蛋白或組織，易造成器官機能的衰弱和人體的老化）有密切關係，而在許多植物中均含有很好的抗氧化劑，可用來消除體內自由基。目前核定的健康食品保健功效如下：

1. 胃腸道功能改善。

2. 調節血脂。

3. 護肝。

4. 骨質保健。

5. 免疫調節。

6. 輔助調整過敏體質。

7. 不易形成體脂肪。

8. 調節血糖。

9. 輔助調節血壓。

10. 抗疲勞。

11. 延緩衰老。

12. 促進鐵質吸收。

13. 牙齒保健。

　　科技部也積極推動健康食品的研發，如薏仁、山藥、保健食用菇類、幾丁質、靈芝、樟芝、香椿、狼尾草、乳酸菌和紅麴等，這些保健食品的保健功能有免疫調節、調節血脂、抗氧化活性及其他較普遍疾病之預防。衛生福利部已依據健康食品管

理法，陸續訂定相關子法，包括紅麴健康食品規格標準、魚油健康食品規格標準等多項規定。

食品業者認為臺灣具發展潛力的保健食品有：

1. 微生物類：包括酵母菌、靈芝類、乳酸菌、綠藻、螺旋藻等。

2. 植物類：例如銀杏、刺五加、草藥茶、人參、花粉等。

3. 動物類：例如雞精、蜂王乳、鯊魚軟骨、羊奶、蜂膠、蜂蜜等。

4. 其他類：包括鈣片、綜合維生素、DHA魚油、維生素C、瘦身減重食品、食物纖維、天然抗氧化劑、大豆異黃酮、雙歧菌等。

3-2 機能性養生食品介紹

療效營養食品(nutraceuticals)，即食品中含有可能預防或治癒慢性疾病的有效成分，以維護人體健康。近十多年來在營養、醫學、分子生物學等方面的研究，顯示營養與疾病具有顯著的相關性。科學揚棄舊有的傳統觀念，建立營養的新觀念及角色，

各種天然營養素來自蔬菜、水果及草本植物等，其在人體中扮演不同的角色與功能，如預防疾病、促進健康等，稱之為療效營養食品。

3-2-1　抗氧化食品

含抗氧化劑(antioxidant)豐富的蔬果及天然食物，可降低心血管疾病的死亡率。常見具抗氧化能力之物質，如含花青素、橡黃素、異黃素母酮、多酚類、維生素E、維生素C、番茄紅素、β胡蘿蔔素、蝦青素等等，表3-1是常見具抗氧化能力的蔬菜、水果與魚類等食物及其抗氧化之功效。

表 3-1　常見的抗氧化食物及其功效

食物	抗氧化物質	功效
紅酒	多酚類	降低三酸甘油酯、防癌
啤酒	類黃素母酮	預防心臟病和動脈硬化
柑橘類	類黃素母酮、維生素C等	防癌
番茄	番茄紅素	防癌
葡萄	花青素	防癌、防止動脈硬化
蘋果	多酚類、維生素C	抑制活性氧傷害人體
草莓	檸檬酸、維生素C	改善黑斑
西瓜	紅色素、花青素	改善高血壓、腎臟病、心臟病及尿路結石等

表 3-1　常見的抗氧化食物及其功效（續）

食物	抗氧化物質	功效
枇杷	單寧、β胡蘿蔔素	止咳、利尿及防癌
木瓜	β胡蘿蔔素、維生素C	預防動脈硬化及防癌
綠色花椰菜	橡黃素、維生素C	防癌、整腸、防高血壓
洋蔥	橡黃素、檞皮酮、硒、維生素B群、麩胱甘肽	預防心臟病、防癌、抗癌
味噌	異黃素母酮	預防血栓、癌症
大豆	異黃素母酮	降低膽固醇、防止動脈硬化
橄欖	多酚類、維生素E	預防心血管疾病
柿	類黃素母酮、β胡蘿蔔素、維生素C	防老化
黑醋	檸檬酸	預防高血壓
銀杏	類黃素母酮	預防動脈硬化及癌症
昆布	β胡蘿蔔素	預防高血壓及癌症
鮭魚	蝦青素	預防血液凝固並改善高血壓
鮪魚	維生素E、硒	預防動脈硬化並改善高血壓
鯖魚	維生素E、B_2	預防動脈硬化並改善高血壓

　　表3-2是超抗氧化酵素(superoxide dismutase, SOD)含量之比較，SOD越高，抗氧化能力越好，有些食物雖然SOD含量超高，但量非常少，也不便宜，平常不易取得；若能吃一些SOD普通高，且垂手可得的抗氧化食品，效益反而較前者佳。

表 3-2　超抗氧化酵素含量之比較

品名	SOD活性／g
姬松茸	1,500
靈芝	630
香菇	1,100
白樺菇	35,000
猴頭菇（山伏茸）	1,400

3-2-2　常見機能性食品介紹

一、薏苡籽實(adlay seed)

　　自古以來薏苡籽實（薏苡仁）不僅可食用，且為中醫之藥膳材料，醫學研究顯示薏苡籽實具有增強免疫力、抗腫瘤、降血糖、抗過敏、抗氧化、消炎、鎮痙、促進排卵等作用。薏苡籽實的生理機能有：1.調節血脂功能；2.調節血糖功能；3.輔助抑制腫瘤功能；4.增強免疫力和抗發炎作用；5.調節內分泌與除濕；6.美白作用；7.促進腸道生理等功能。若能與綠豆搭配使用，其效果更佳。由以上闡釋可知，薏苡籽實是極具潛力的保健食品，持續研究開發有其必要性與功能性。

二、山藥(dioscorea)

山藥別名有山藥薯、淮山、豆芋、田薯、薯蕷、自然薯等多種名稱。自古以來即被國人利用為補虛保健食品或供藥用，《神農本草經》記載它的功效是：「主傷中，補虛羸，除寒熱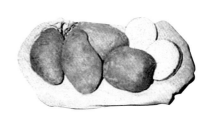邪氣，補中益氣力，長肌肉，強陰，久服耳聰目明，輕身，不飢，延年。」《本草綱目》也指出：「益腎氣，健脾胃，止泄痢，化痰涎，潤皮毛。」山藥既能補氣，又能養陰，補氣而不滯，養陰而不膩，為補中氣最平和之品，因此《神農本草經》將它歸類為「上品」。其藥理作用為貧血滋養、止瀉、祛痰、助消化、補脾胃、益腎氣、補虛勞、增加氣力。對於輕、中度糖尿病的消渴症及高血壓患者，具有相當的療效，亦可減少蛋白尿、抑制細胞突變及降低膽固醇等作用。能健脾胃、補肺腎、主治泄瀉、久痢、消渴、虛勞、咳嗽、遺精及小便頻仍等，民間用為滋養強壯藥，另具祛痰功效，傳統名方如六味丸、八味丸、參苓白朮散，以及坊間之四神湯中即有山藥。

　　山藥為重要之國際性農園藝與根莖類作物，其營養價值甚高，富含植物性蛋白質、必需胺基酸、黏質多醣體(mucopolysaccharides)、薯蕷皂苷(diosgein)和黃酮體(flavonoids)。山藥富含營養，不但能供做蔬菜亦可作為藥用，另具黏液質、尿囊素、膽鹼、纖維素、脂肪、維生素A、B_1、B_2、C及鈣、磷、鐵、碘等礦物質，具有增強免疫功能及具備抗腫瘤與抗關節炎之作用，可提供人體多種必需的營養。因山藥栽培期間病蟲害較少，農藥使用不多，食用部分為地下塊莖，不易受到農藥汙染，脂肪含量又少，可歸類為低脂、高植物性蛋白食品，即使長期食用亦不致於發胖，山藥在國內已培育成功，有別於日本的白色黏液質山藥，我國山藥偏紫色，如此可符合國人選擇當地食材，因應「百哩飲食」的另一低碳消費，山藥實為一不可多得的環保蔬菜。

　　新鮮的山藥搗爛外敷，對於癰瘡腫毒及凍傷有消炎、消腫的作用。將山藥用於中藥處方劑時，可單味使用，也可與其他補品或藥物配合，製成煎劑、散劑、藥粥及成藥等，應依中醫師的處方服用。山藥健胃整腸的效果，最常用於老年人或身體虛弱的人，這些人常會有腹瀉的情形（或者是雖然

不腹瀉，但是大便稀糜），久而久之，頭暈目眩、形體憔悴、臉色蒼白。這個時候我們可以拿山藥和粳米（蓬萊米），以相同的比例，減少腹瀉的現象，對於全身性的虛弱體質，也有很大的助益。不過要提醒大家的是，這是一種食療的方式，因此效果並不是速效性的，不過長期食用，對於腸胃功能以及體質的改善是有幫助的。

國內外文獻證實，山藥可增進食慾、改善人體消化功能及增強體質；具有降血糖作用，可供輕中型糖尿病及消渴症之輔助藥材；可促進干擾素誘生與T淋巴球細胞增生，強化免疫系統；皂苷有明顯擴張冠狀動脈、改善循環及輕度抗凝作用，可預防心血管疾病，且具抗氧化及抗衰老等功用。

有些婦女朋友具虛寒體質，經常臉色發青，又被白帶分泌物所困擾，不妨每天早上食用山藥粥或是煮成乾飯食用，亦可改善困擾的現象。

食用方法：
1. 以山藥加排骨煮湯，亦可配合中藥作為消渴飲料。
2. 山藥、鮮乳、冰塊加水少許，以果汁機打汁作為消暑飲料。

三、蔓越莓(cranberry)

蔓越莓又稱為小紅莓，僅在北美地區產植的稀有紅色果子，在美國德州舉行的國際營養補充劑及機能食品展示與研討會上，以色列特拉維夫大學發表研究指出，蔓越莓中濃縮單寧酸成分，具有抗黏附機制，在幽門螺旋桿菌已黏附在胃黏膜上的情況下，飲用蔓越莓汁仍可抑制細菌黏附以免導致胃潰瘍。傳統上一直被用來預防結石、清除血中毒素與治療尿道、陰道方面的細菌感染，美國官方的藥典(USP)也記載著這種功效。

根據發表於著名的美國醫學會雜誌的研究證明，食用蔓越莓可以協助尿道防止細菌的附著與感染，對於婦女常見的尿道感染預防十分有效。蔓越莓含有抗氧化活性相當強的天然化合物（花青素，anthocyanins），有益於預防心臟血管疾病及癌細胞的形成。同時，因為含幫助人體吸收維生素B_{12}（重要補血元素之一）的物質，對於保持血液中養分充足，促進頭腦清新也有助益。蔓越莓汁已被視為預防泌尿道感染的保健飲料。

　　美國威斯康辛大學LaCross校區、麥迪遜校區研究人員先後發現，蔓越莓汁除可有效抑制幽門螺旋桿菌，抵抗細菌性胃潰瘍外，尚且具有很強的抗氧化作用。某些成分例如濃縮單寧酸、生育三烯醇可降低低密脂蛋白（不好的膽固醇）與三酸甘油酯，進而降低動脈硬化對人體健康的傷害。麻州Amherst大學的研究人員更在國際營養補充劑及機能食品展示與研討會中提出報告，也證實蔓越莓含有高量的單元不飽和脂肪酸和生育三烯醇。一般說來，這兩種成分較常在魚油中發現，而一般植物含量不高，故素食者可食用蔓越莓來保健心血管。

四、番茄(tomato)

　　葡萄牙人將番茄傳入中國，18世紀初期再由中國傳到日本，而19世紀末再由日本引進臺灣栽培。番茄是屬於茄科的食物，原產地在南美洲，西洋人初期發現它們時，一度認為有毒而無人敢食用，但如今番茄已成為全世界產量數一數二的農作物；近年來，生物學家為減緩人口壓力，成功的研發黃色的基因番茄供食用。番茄生長需要溫暖宜人的氣候，太冷就會凍死，太熱又不結果實。臺灣除夏季外均可種植，冬季12月至隔年2月間是番茄盛產期。

番茄的主要營養成分介紹如下：

1. **茄紅素(Lycopene)**：是一種存在於熟透紅番茄中的類胡蘿蔔素抗氧化物，番茄越紅，Lycopene就越多，它也是讓番茄紅透的色素。這種在化學結構上和維生素A相似的茄紅素，近年來臨床研究發現其清除體內自由基的能力非常強，是強效抗氧化劑之一，對於預防胰臟癌的效果很明顯，其次是直腸癌、膀胱癌，對前列腺癌也有防治的作用。茄紅素具有強力的抗氧化能力，可以掃除自由基，因此可預防心血管疾病，也可以防止低密度脂蛋白(LDL)避免受氧化，更能降低血漿膽固醇濃度。甚至於以前曾被人誤認為有毒的茄生物鹼，如番茄素(tomatine)，也可以與膽固醇結合而排除膽固醇。

   根據研究報告指出，食用番茄汁對於細胞的抗氧化能力大增，而另一種抗氧化物類胡蘿蔔素也增加。每天吃25g的番茄汁連續14天後，在血液的測試中，血液與淋巴球的茄紅素濃度增加，而DNA受到氧化自由基破壞的壓力，也隨著茄紅素的增加而減少；β胡蘿蔔素的濃度在血液中增加，但是在淋巴細胞中則沒有變化。當茄紅素增

加，DNA受到自由基的破壞則減少，顯示出抗氧化劑對於DNA的保護作用，而DNA的破壞是身體產生癌症的主要原因之一。這些間接證據顯示吃番茄對於癌症的預防作用，也與其他的臨床研究和流行病學研究結果期望相符，更加確定番茄的抗癌作用。

2. **維生素**：番茄的水分含量相當高，若作為水果生食，相對的熱量就偏低，而且維生素A及C含量均相當豐富，想控制體重、美容養顏的人不妨常吃，可取代其他水分少、糖分含量多的水果。紅透了的番茄較綠色者所含維生素A多出許多，有時可達3~4倍。在溫和的天氣下，菜園中自然成熟的番茄，不單是糖酸比例高、口感佳，就連維生素含量也相對提升。

註

研究顯示綠色番茄有毒，待成熟成紅番茄後食用，更有益健康。

3. **鉀離子(K⁺)**：番茄中鉀離子含量很多，由於可以生食，鉀離子不會因為溶於菜汁中而遭棄置，因而血壓高的人不妨多吃，使鉀與鈉的攝取比例提高，將有助於血壓的控制，但限制鉀離子攝取的腎臟病患者需減量。

五、蓮藕(lotus root)全身都是寶

蓮藕全身皆可食用或藥用，由我們最熟悉的蓮藕、蓮子、蓮葉，到蓮花、蓮梗、蓮鬚、蓮子芯、蓮蓬，都具食用價值，甚至具有療效。先說蓮藕，它可解熱除煩，養血安神。上述的療效，如解熱的同時又能補血，兩種完全不同性質看似矛盾，其實是可以解釋的，關鍵在於煎煮時間長短。例如鮮蓮藕榨汁飲用，的確能清肝熱、潤肺、涼血、止血。若配合新鮮雪梨汁混和飲用，對付熱咳最有效果。但是同樣用蓮藕，來一份章魚、花生、豬腳湯，就一變而成為補血之食品了，原因是老火湯將生蓮藕解熱除煩的性質改變。如果有脾泄瀉的症狀，此湯有健脾滋補功效。

要煮蓮藕湯而不上火，可配以百合、綠豆，化解熱性。蓮藕是豐富的食物，素食者吃之，或用其搭配木耳煮齋可補充醣；腹瀉不止時煮藕粉來吃，更可舒緩腸胃不適。至於蓮葉、蓮花、蓮梗、蓮蓬，中藥上合稱四蓮。

蓮藕製成的食品對人體有相當多的幫助，食療妙方如下：蓮葉在盛夏有清肝熱、消暑濕的作用。

用新鮮蓮葉煮湯或者包飯，有陣陣幽遠的清香。市
場上的蓮藕粉泡湯喝，也有益身體。

六、醋(vinegar)

　　食用醋根據釀造方法，可分為
釀造醋與合成醋兩類，二者製造時
間不一，後者短而前者長。合成醋
是採用化學方法製作；而釀造醋則
是利用古法釀造而做成的醋，可分
為以米、麥為原料的穀物醋，及以

水果為原料的果實醋。釀造醋包含了不同成分的有
機酸及胺基酸，會產生不同的風味，其中米醋裡的
有機酸多達70種以上，胺基酸則有15種，有機酸族
裡存在著檸檬酸，能發揮消除疲勞的功效。然而醋
中所含的檸檬酸僅有0.2%，但它的主要成分——醋
酸和其他有機酸，在體內會轉變為檸檬酸，檸檬酸
能幫助腸胃蠕動，增進食慾，促進蛋白質消化。

　　此外，由於它屬於較強酸，因此能殺害腸內細
菌，具整腸效果。而且從研究報告中得知，其具有
降血壓的功效，促進血液循環、活化新陳代謝。最
大的效用就是能消除疲勞的「TCA循環（也稱檸檬
酸循環）」，當人體疲勞時總想咬一口檸檬，這是

因為血液或細胞內的疲勞物質——乳酸受到堆積，當體內的檸檬酸（發揮TCA循環作用）不足後，就會發出訊號，要求補充檸檬酸，乳酸的累積會刺激腦部的延腦導致興奮，因而產生精神恍惚、易怒、疲勞感或倦怠感等。若是放置不顧的話，會形成肩膀痠痛、腰痛的原因，並造成血液中的膽固醇或石灰、矽酸沉澱，而引起動脈硬化。市面食醋種類非常多，有蘋果醋、梅子醋、蜂蜜醋、蔓越莓醋、蘆薈醋、龍眼醋、鳳梨醋、薏仁蜂蜜醋等等，口味因人而異。

飯後常服用水果醋，有助於：

1. 調節血壓、通血管、降膽固醇。

2. 治療關節炎、痛風症。

3. 控制及調節體重，使體態更優美。

4. 強健腎臟，減輕小便頻仍現象。

5. 幫助食物消化和吸收。

6. 減輕喉部疼痛及發炎的不適。

7. 預防傷風感冒，使呼吸暢順。

醋在日常生活中，有許多妙用，如洗澡時，在水中加幾毫升的醋，能夠消除疲勞，恢復體力；中

秋節烤肉之前，在烤肉架上塗些醋，烤蝦、肉和魚不易烤焦且可去腥味；煮飯時滴數滴醋，可使飯更香甜，延長存放時間。

七、蘆薈(aloe)妙用多

「蘆」是黑的意思，而「薈」是聚集的意思。其葉子切口滴落的汁液呈黃褐色，遇空氣氧化即成為黑色，又凝聚在一起，故稱作「蘆薈」。種類繁多，約三百多種，我國認可可食用者只有數種，如洋蘆薈等。蘆薈屬百合科熱帶性常綠多肉質草本植物，自古以來，人們就懂得運用蘆薈這種看起來形狀十分特殊的植物，有「不需要醫師的草」之稱，日本人稱它為「一億人的草」，主要是可當藥物使用。到了現代有關蘆薈各項研究依然非常普遍，使得蘆薈的用途更為廣泛，舉凡在美容、保健、食品等不同範疇中，都可見蘆薈芳蹤，因此，蘆薈有「神奇的植物」之封號。市面上也常出現蘆薈製成的「保健食品」作為養生之用。

蘆薈成分含有維生素、礦物質、單醣、多醣、天然蛋白質、酵素、胺基酸、激素等多種人體所需營養素。根據近幾年國內、外醫療實驗研究資料顯示，蘆薈含有特殊苦味，具有很強殺菌能力，可疏肝解鬱、活血行氣，消除皮下沉積的色素，使皮膚美白潤澤，而且對便祕、痔瘡、高血壓、胃潰瘍、口腔炎、糖尿病、癌症也有預防保健之效。蘆薈和蜆清蒸常用做養生佳餚，所以蘆薈在現代生活中，也成為新的保健食品之一。蘆薈皮中的大黃素，有可能引發胃癌，因此，食用時最好去皮。國內目前關於蘆薈的人體實驗研究報告不是很嚴謹，故建議勿長期服用蘆薈，服用時以量少為宜，幼童和孕婦應禁止服用蘆薈，以免產生不良影響。

八、蜜柑(mandarin)

橘子從秋末到冬季皆有產出，因外型和顏色而討喜，大吉（桔）大利的諧音，是臺灣人過年特別喜歡的水果之一。中草藥學記載橘子的皮、果肉、橘紋、橘葉、橘核皆能入藥。

從研究結果顯示蜜柑的功能如下：

1. 可抑制結腸癌細胞的增生，並促進癌細胞的自然死亡，預防結腸癌的發生。

2. 胰島素依賴型糖尿病患者若能每天使用蜜柑，可以降低糖化血色素(HbA_{1c})指數，提高體內的抗氧化能力，預防糖尿病之各種併發症的發生。

3. 蜜柑可以預防腫瘤促進劑所引發之細胞發炎及增生反應，具有化學保護(chemoprevention)效果。

4. 體內的氧化壓力會引起白血球附著於末梢微血管，造成血液循環受阻，蜜柑可抑制此一現象，改善血液循環不良的情況。

坊間有人利用蜜柑的皮水煮後，加入老薑並以小火熬約半小時，再以黑糖調製後飲用，有助於去風寒與咳痰。

註

「糖化血色素」，指人體血液中的紅血球含有血色素，當血液中的葡萄糖進入紅血球，與血紅素結合後，就形成糖化血色素。

九、甲殼素（幾丁胺醣，chitosan）

甲殼素是一種纖維質，其中之殼糖胺酸化成功，可分析出甲殼質，為人體使用。甲殼質存在螃蟹和蝦子的表皮及外殼、貝類和烏賊的軟骨、酵母和松茸等菌類的細胞壁等。

　　甲殼質對人體的生理機能，有強化免疫力、降低膽固醇、改善消化機能、減少體內重金屬的蓄積、抑制老化、調節體內律動、抗血栓、活化細胞等作用，同時還能以離子的方式吸取進入體內的重金屬及有毒物質，並釋出體外。

　　吃小蝦、小魚時連同尾巴都吃，不致中毒或傷胃，此表示甲殼質具有健康、養生之功效，吃魚、吃蝦盡量吃全魚、全蝦，可攝取較多的甲殼素。

十、姬松茸(kawarihatake)

　　是一種相當稀少、珍貴的巴西蘑菇，學名為 Agaricus blazei Murill，原產於環境特殊的巴西聖保羅皮耶塔玷(Iedade)高地。此處人瑞特別多，癌症及慢性疾病患者很少，因而引起專家學者重視並深入

探訪，發現當地居民常常食用一種蕈類，即巴西蘑菇。經成分分析後發現它具有獨特的生理活性作用。美國前總統雷根，皮膚癌手術後長期服用姬松茸，結果癌細胞無復發或轉移的情事，因而馳名全球。

姬松茸的藥理作用有抗腫瘤、改善肝機能、降血糖、降膽固醇，及改善其他免疫機能異常的疾病。我國已培育成功，並做成姬松茸飲料。

十一、靈芝(lingzhi)

明代李時珍《本草綱目》記載，靈芝可「久服輕身不老，延年神仙」。

靈芝主要成分有高分子多醣體和有機鍺，茲介紹如下：

1. 高分子多醣體 (polysaccharide)：可增加體內抗體，誘導干擾素生成，增強自然殺手細胞的產生，增強人體免疫功能。

2. 有機鍺(organogermanium)：靈芝含有 800~2,000ppm的有機鍺，約為人蔘的4~6倍，可使人體血液循環通順，增強氧的吸收能力，促進新陳代謝，使體力充沛。

日本臨床研究發現，靈芝具有滋補、保肝、強壯、鎮靜、祛痰、降血脂、健腦健胃、消炎、利尿、鎮咳等作用。有治肝炎、慢性氣管炎、高血壓、狹心症、神經衰弱、造血功能疾病等功效。

十二、天然色素(colorceutical)

天然色素有天然黃色素、紅色素、綠色素、棕色素等等，對人體健康助益頗大，藥典闡述的五色，即紅色入心、黃色入胃、黑色入腎、白色入肺、青色入肝，其旨意即是說明天然色素對人體的益處。茲簡介如下：

1. 天然黃色素的來源有：

(1) 來自鬱金（turmeric，學名Curcuma longa）的薑黃素(curcumin)，可減少發炎、黃疸、腸胃不適及痔瘡等。

(2) 來自番紅花(corcus sativus)之柱頭取得的番紅花色素(saffron)。

(3) 來自棕櫚油(palm oil)。

(4) 胡蘿蔔(carrots)和藻類(algae)的β-carotene所含的類胡蘿蔔素(carotenoids)等。研究顯示血液中類胡蘿蔔素濃度低、罹患乳癌的危險性增加。

2. 天然紅色素的來源有：

(1) 來自紫色高麗菜、紫色玉米、芙蓉、葡萄皮的花青素(anthocyanins)，減少罹患心血管疾病，改善夜盲症和具抗氧化作用。

(2) 來自紅甜菜的甜菜素(betacyanins)。

(3) 來自紅辣椒的類胡蘿蔔素(red carotenoid)。

(4) 來自米培養的紅麴色素(monascus)。

(5) 來自紅莧菜的紅莧菜色素(amaranthus)。

(6) 來自番茄果實的番茄色素(lycopene)，血清
　　中含此濃度之高低對乳癌、前列腺癌有逆
　　轉之相關性。

(7) 來自雄性胭脂蟲取得的胭脂紅(carmine)等，其
　　他如來自苜蓿(alfalfa)的葉綠素(chlorophyll)、
　　焦糖和茶葉萃取之棕色素等等。

十三、大蒜(garlic)

　　大蒜中的二丙烯基硫醇(disallyl
disulfide, DADS)可抑制人類乳癌細胞的成
長。DADS是大蒜中的成分，針對人類乳癌細
胞，無論是對荷爾蒙敏感的種類或是對荷爾
蒙不敏感的種類，都有高達約50%的抑制
生長能力，其與魚油併用有加乘的效果。
大蒜中含有硒、有機鍺和黏稠性多醣體，可抑制
癌細胞蔓延，亦可增強抵抗力，大蒜實為最佳的抗
癌食品。如能切片後10~15分鐘再食用，其抗癌效果
更佳。

　　大蒜對球菌、桿菌、真菌和病毒等，有抑制和殺滅的作用，是當前天然植物中抗菌作用最強的一種。大蒜亦可防治腫瘤和癌症，研究發現，癌症發生率最低的人群就是血液中含硒量最高的人群，而大蒜中含有鍺與硒，可抑制腫瘤細胞和癌細胞的生長。美國國家癌症組織認為，大蒜是植物中抗癌效果最佳的食物；降血糖預防糖尿病，糖尿病患可適當食用大蒜，因其可促進胰島素分泌，增加細胞對葡萄糖吸收，提高人體葡萄糖承載量，迅速降低體內血糖，殺死因感染誘發糖尿病的各種病菌，有效預防和治療糖尿病。大蒜的功能很多，尚有預防心腦血管疾病和感冒、抗疲勞、抗衰老、抗過敏、護肝、旺盛精力治療陽痿、預防女性黴菌性陰道炎、改善糖代謝作用。

十四、芸香素(Rutin)

　　芸香素是一種存在於蕎麥（普通蕎麥Fagopyrum esculentum及韃靼蕎麥Fagopyrum tataricum）、大黃的葉子和葉柄，以及蘆筍中的柑橘屬黃酮類化合物綿苷。芸香素亦存在於巴西芸香樹的果實中、塔狀樹的果實和花中、水果和果皮中（特別是柑橘類水果，如橘子、柚子、檸檬和酸橙）以及如桑葚、灰

樹果實和越橘等漿果中。芸香素的名字來自於芸香(Ruta graveolens)，是一種含有芸香的植物。

　　研究結果指出芸香素(rutin)具有抗氧化作用，可以降低肝臟中自由基的濃度，減少自由基對身體的傷害，預防DNA受損。芸香素可維持毛細血管正常抵抗力的作用，能降低小靜脈及毛細血管通透性，並減少毛細血管的脆性，還可增強維生素C在體內的活性。研究指出藉由Rutin的使用，可預防結腸炎的發生。各種天然營養素來自水果、蔬菜及其他草本植物，芸香素缺乏會導致毛細血管的彈性降低和脆性增加，易導致高血壓、腦出血、視網膜出血、急性出血性腎炎與出血性紫癜(Purpura Fulminans)等疾病。芸香素在人體中扮演著疾病與癌症的預防功能，因此，增加蔬菜水果的攝取可促進健康。

十五、紅麴(monascus capsule)

　　紅麴日本人稱之「benj kojj」或「aka kojj」。紅麴含有豐富的莫那可林(Monacolin K)，能有效維護身體循環機能的健康。肥胖是健康的紅燈，容易出現循環問題、

常食用富含高油脂的食物、甜食、菸酒、重口味者，應多運動，並配合333運動法則。繁忙的上班

族，常因無法做到適度運動，而造成體內循環代謝不良，影響身體健康。

《本草綱目》記載紅麴功用：「主治消食活血，健脾燥胃；治赤白痢，下水穀，讓酒破血行藥勢，殺山嵐瘴氣，打撲傷損，治女人血氣痛及產後惡血不盡。」

日本學者指出，紅麴菌可能抑制膽固醇合成。美國學者更因研究發現Monacolin K抑制膽固醇合成的機制，而獲得諾貝爾獎。紅麴由此聲名遠播，並且在美國大賣。臺灣紅麴價格也和國際齊平。

十六、洋蔥(onion)

洋蔥的別名有玉蔥、球蔥、蔥頭、元蔥或團蔥等。最早生長於沙漠地帶，因此，有層層的鱗片將水分包圍，防止水分散失。

洋蔥成分中約有90%的水分，並含有維生素B和C、鈣、磷、鐵、硒、錳、鈉、鋅、銅、鎂和鉀之礦物質，亦含醣類、蛋白質及少許脂肪，尚有類黃酮、硫磺類、揮發性油等成分。

洋蔥有刺激性，因此切之前應置於冰箱約十五分鐘後再取出，可減少刺激性。

其功用如下：每天吃2~3份洋蔥，可有效預防骨質疏鬆症。洋蔥中有一種和人體腎臟分泌物相似的激素，因而有降血壓之作用。洋蔥對氣喘有緩解作用，可預防胃癌，並且有溶解血液凝塊之作用。每天吃洋蔥半個，可增加HDL，生吃效果比熟食佳，但有刺激性，高血壓患者使用時宜注意量的問題。洋蔥若能與葡萄酒搭配效果更為出色。很多菜皆以洋蔥為佐料，特別是西餐中。英國文學家羅伯特說：「沒有洋蔥，烹調藝術將失去光彩。一旦洋蔥在廚房消失，人們的飲食將不再是種樂趣。」德國有一位皇帝說：「一日不食洋蔥，整天情緒不佳。」因此洋蔥有菜中皇后或蔬菜中的玫瑰之稱，在國外十分受到重視。

十七、引藻(cryptomonadalacs)

引藻是屬於淡水產藻的一種單細胞植物，分裂生殖速度相當快，有其獨特營養成分，如60%的蛋白質、14%醣類、8%脂質，維生素和礦物質占3%，纖維質占4%，天然色素占4%，水分3%，引藻生長因子約4%。

對於健康維護、疾病預防等皆有相當大的幫助。預防醫學之保健功效如：防癌、護肝、延緩老

化、控制血糖、改善血壓、膽固醇、預防心血管疾
病、調整身體血液之酸鹼值(pH-value)。

十八、黑珍珠

黑珍珠是指物美價廉、營養豐富而又能防病強身
的黑色食物。天然食物中所含的營養素與顏色有密切
的關係,其營養成分的排列,以黑色為最佳,其次是
紅色、橘黃色、深綠色、白色較差,因而對黑色的食
品,認為「食以黑為珍」,而將其名為黑珍珠。黑珍
珠是指黑色健康食品,例如黑米、黑木耳、烏骨雞、
桂圓乾等,而非指坊間的巨無霸蓮霧。

黑米中含豐富的胺基酸、鎂、磷、鈣及維生素
B_1、B_2、B_6等成分,對健脾胃、明目、活血、暖肝、
益腎具有一定的效用;可改善少年白,對孕婦及產
婦的養身健體,多所助益。

桂圓乾含有維生素A、B、C及豐富的葡萄糖、
蔗糖、酒石酸等,可滋補脾血、壯脾胃,對於思慮
過度、心神不安、健忘、心律不整、長期失眠及神
經衰弱等症,均有助益。

黑木耳含有豐富的醣類、蛋白質、粗纖維、多
種礦物質,並含有較多胡蘿蔔素、硫胺素、核黃

素，還含有卵磷質、腦磷質等成分，具有延緩血凝固、消除脂褐質（老人斑）及防止動脈硬化等作用，可防止心血管病變的心肌梗塞等心臟病。

烏骨雞含有多種胺基酸，可增強耐寒、耐熱、耐疲勞、耐缺氧量，可提高免疫功能，延緩老化。烏骨雞有補肝腎、益氣養血、退虛熱、補虛損的作用。對婦科疾病、慢性肝病、糖尿病、關節炎、血小板減少等症狀有改善之功能，為禽中珍品。

攝取健康食品，已成了現代人重要的保健方法之一，最熱門的健康食品不外乎是必需脂肪酸（Omega-3和Omega-6）、酵素、維生素等。人們為什麼需要補充這些健康食品？除了飲食不均外，最重要的因素就是熟食，熟食破壞了天然酵素及維生素。因此，我們需要額外補充這些成分來促進健康。生機飲食是一種含豐富酵素的飲食模式，除了一般蔬果中所含的消化酵素外，芽菜中含有豐富的抗氧化酵素（俗稱SOD），是阻絕慢性文明病及癌症的最佳利器。另外，核果中的脂肪酸多半是必需脂肪酸，沒有加溫過的脂肪酸也較不會產生含自由基的氧化游離脂肪酸，具防癌效果。

　　以營養學的觀點來分析生機飲食的模式，對現代人來說再健康不過了，嘗試生機飲食，給身體一個沒有負擔，只有滋潤的機會，也算是一種體內環保！近年來全球在機能性食品的銷售每年至少在數百億美金以上，包括天然顏色及香料，尤其是富機能性的(functional)產品具有極大的潛力。

3-3　保健養生食品的選擇

　　走進超級市場，無論是在蔬果生鮮專櫃，或是糖果餅乾貨架上，您會發現應有盡有，好一幅民生富庶的景象！然而，您可知道為什麼有些人不敢在此消費？當然不是買不起，而是為了健康。有些食品為了防腐保鮮、提升買氣與增加口感，在製造過程中滲進了食品添加物，也許是在安全範圍，但是積少成多，當可能致癌的食品添加物在體內累積到一定量，而您的免疫力又不佳時，就容易致病。

3-3-1　食品中常見的添加物

　　食品中常見的添加物有防腐劑、人工色素、保色劑、漂白劑、甜劑、味道添加劑等，茲簡述如下：

一、防腐劑

　　用量最多的食品添加劑是防腐劑，近來防腐的方法有：冷凍、乾燥、充填氮氣、輻射殺菌及加入化學試劑等方法。常見的化學試劑有抗微生物劑和抗氧化劑，最近已逐漸被濫用。用來漂白免洗筷子之一的福馬林，是一種含30~40%的甲醛水溶液，原本是工業用防腐劑，因同時有防腐和漂白效果，不肖商人拿來漂白蘿蔔乾等食物；果醬、醬菜、豆類製品中也常添加己二烯酸；麵包、糕餅裡則常添加去水醋酸、丙酸和山梨酸；柑橘、柳橙、葡萄、蘋果常被噴灑防霉劑和殺蟲劑；硼砂則被傳統市場用來作為麵條、油條、蝦、粽子等食品的防腐劑。

　　在洋芋片、麵包、香腸、魚乾、蝦米、干貝、冷凍食品、奶油、食用油中，常見添加抗氧化劑，還好近來天然維生素E已被用來取代為食品的抗氧化劑。

二、人工色素

　　色素可增加食物的美觀，吸引購買慾望，食用六號色素是一種最常見的合成著色劑，五顏六色、令人垂涎欲滴的冰淇淋裡少不了它。用在彩糖、巧克力、翠菓子等食品中的著色劑也是人工色素。紅色2號、黃色3號，證實對人體健康有害而已被禁

用。為了健康著想，建議多使用天然色素和安定食用色素。

三、保色劑

看起來呈鮮紅色的肉製品，通常添加了硝酸鹽及亞硝酸鹽等保色劑。為防止蝦頭變黑，亞硝酸鹽也常用來處理蝦子，使其看起來有新鮮感。

四、漂白劑

素食者最常食用的蓮子、木耳、香菇、金針、百合、淮山（山藥）、葡萄乾等，為了預防褐變，商人通常會添加漂白劑。

五、甜劑

成本低廉的甜劑，甜度高達蔗糖的300~400倍以上，卻不含熱量，雖不致使人發胖，但其潛在的毒素卻十分可怕，如環己胺黃酸鈣可能導致膀胱癌。

六、味道添加劑

味素（麩胺酸鈉，MSG）是東方人常用的味道添加劑。中國餐館徵候症，可能與大量味素的使用有關。建議可用天然食材，如番茄、香菇來取代。

衛生福利部相關統計顯示，臺灣地區十大死因中，與不良的飲食習慣有關的病變包括惡性腫瘤、

心臟疾病、肺炎、腦血管疾病、糖尿病、高血壓性
疾病、腎病症候群及腎病變、慢性肝病及肝硬化
等，如表3-3所示。由此可見飲食的選擇對於健康的
影響不容忽視。

表 3-3　102~108年國人十大死因排序

順序	102年	103年	104年	105年	106年	107年	108年
1	惡性腫瘤	惡性腫瘤	惡性腫瘤	癌症	癌症	惡性腫瘤	惡性腫瘤
2	心臟疾病（高血壓性疾病除外）	心臟疾病	心臟疾病	心臟疾病	心臟疾病	心臟疾病	心臟疾病
3	腦血管疾病	腦血管疾病	腦血管疾病	肺炎	肺炎	肺炎	肺炎
4	肺炎	肺炎	肺炎	腦血管疾病	腦血管疾病	腦血管疾病	腦血管疾病
5	糖尿病	糖尿病	糖尿病	糖尿病	糖尿病	糖尿病	糖尿病
6	事故傷害	事故傷害	事故傷害	事故傷害	事故傷害	事故傷害	事故傷害
7	慢性下呼吸道疾病	慢性下呼吸道疾病	慢性下呼吸道疾病	慢性下呼吸道疾病	慢性下呼吸道疾病	慢性下呼吸道疾病	慢性下呼吸道疾病
8	慢性肝病及肝硬化	高血壓性疾病	高血壓性疾病	高血壓性疾病	高血壓性疾病	高血壓性疾病	高血壓性疾病
9	高血壓性疾病	慢性肝病及肝硬化	腎炎、腎病症候群及腎病變	腎炎、腎病症候群及腎病變	腎炎、腎病症候群及腎病變	腎炎腎病症候群及腎病變	腎炎腎病症候群及腎病變
10	腎炎、腎病症候群及腎病變	腎炎、腎病症候群及腎病變	慢性肝病及肝硬化	慢性肝病及肝硬化	慢性肝病及肝硬化	慢性肝病及肝硬化	慢性肝病及肝硬化

資料來源：衛生福利部公布

3-3-2 慎選保健養生的健康食品

選擇均衡、富含營養素的膳食可以幫助正常人更健康。目前醫學界歸納出與預防或改善疾病相關的飲食原則，而科學研究也證實有些健康食品具有預防疾病的效果，其概述如下：

一、多吃複合性碳水化合物(complex carbohydrates)

所謂複合性碳水化合物是指胚芽米、全麥麵粉、黃豆、玉米、紅心甘薯、芋頭等這類能提供醣類、植物性蛋白質、膳食纖維、維生素和礦物質的食物，其所含的養分不但可以作為日常活動所需的熱量主要來源，同時也可幫助新陳代謝順暢進行。目前已有穀麥類的雜糧食品在超市出售，是複合性碳水化合物的良好選擇。

二、好處多多的膳食纖維(dietary fiber)

人體消化道缺乏分解纖維質的消化酵素，因此，不能加以吸收利用。傳統觀念認為膳食纖維是沒有營養，多吃只會增加排便量而已，後來發現膳食纖維有多種重要的調節功能，包括：可解便祕、

促進新陳代謝、預防大腸癌及其他病變、降低血脂質及膽固醇、減少心臟病與膽結石罹患率、促進毒性物質的排泄、體重控制的輔助劑。根據實驗結果可知，大麥、燕麥、筍尖、寡糖中之異麥芽寡糖、果糖中之寡糖、車前草、甲殼素等是膳食纖維含量頗豐富的健康食品。

三、控制膽固醇的攝取

臨床研究顯示，總膽固醇或低密度脂蛋白(LDL)膽固醇含量較高的人，會加速動脈硬化、罹患高血壓、腦中風的危險性增加。因此要藉由飲食的選擇來控制膽固醇的攝取時，應選擇多元不飽和脂肪酸較豐富的油脂（如芥花油、葵花油、橄欖油、葡萄籽油等）、複合性碳水化合物及蔬菜水果（每天至少五七九種）。而機能性食品，例如魚油的實驗數據也顯示其降血脂具有一定的效果，研究人員建議可作為控制膽固醇的輔助性健康食品。

日本厚生省核定健康食品的保健養生功效：

表 3-4　健康食品的保健養生功效

健康食品的成分	功　效
抗氧化劑	減少自由基生成，抗癌、防老。
寡糖、乳酸菌	維持消化道菌叢正常生態，改善胃腸功能。
蛋白質、醣類	基本營養素，有助於細胞生長發育。
膳食纖維	幫助腸道正常蠕動，降低大腸炎發生機率。
維生素、礦物質	基本營養素，新陳代謝的身體催化劑。
膽鹼類、醣苷類	增強腦部細胞的功能。
多元不飽和脂肪酸	降血脂，減少心血管病變。

3-3-3　健康食品的選購須知

　　醫學研究證實，食品的生理調節功效的確有助於預防或改善疾病，如：高血壓、高血脂、心血管病變、肥胖、過敏、癌症、老化、免疫性疾病、胃腸功能失調及神經系統的病變等。但是民眾在選購具有保健養生功效的食品時，還是需要仔細思量，以免花了大把大把鈔票，結果買到來路不明的產品，吃了之後不僅無法得到預期的效果，反而殘害自我的健康。以下提供幾則選購須知供參考：

一、依個人體質深入了解並請教專業醫事人員

　　食品的生理調節功效，必須應用在適當的對象，才能達到預防或治療疾病的效果。因此，在食

用健康食品之前，最好先請教專業醫事人員，如醫師、藥師或營養師，並依個人體質來選擇適合的保健產品。例如：美國食品藥品監督管理局(Food and Drug Administration, FDA)建議民眾攝取適量的膳食纖維或膳食纖維補充品，有助於預防大腸癌及心血管病變，也能有效控制體重。少量多次的漸進方式來食用，可逐漸適應。

二、審視產品標示

產品製造方法、科學文獻及分析檢驗數據，都是必須了解的重點，若有相關問題應請教專家或善加利用消費者服務專線，尋求更徹底的了解。

三、慎選信譽良好的誠實商家

為了避免保力安事件、減肥菜慘劇再度發生，聰明的您在選擇健康食品前，一定要先選擇有信譽的販售地點，如全民健保特約藥局、連鎖藥局（如統一、屈臣氏、博登、華特、躍獅、長青、維康等）、超市（如農林廳吉園圃、台糖、美國GNC、SOGO、新光三越等）等。或是經行政院公平交易委員會認可，或加入中華民國直銷協會的公司購買。若是懷疑所購產品有問題，請與行政院消費

者保護委員會、行政院公平交易委員會、中華民國消費者文教基金會及各地衛生主管機關申訴，以確保自我權益。

現代的臺灣人，食物大多不虞匱乏，但各種慢性病、癌症、心血管病症等，已嚴重威脅著我們的健康。人們罹患癌症的年齡正急遽下降，且比例亦明顯增加。雖說現代醫學可延長壽命，但如果是不健康、癱瘓的生命，是毫無意義可言的。所謂「病從口入」，問題的癥結便是在我們的飲食。看看我們的食物，大部分食品都添加有人工色素、防腐劑、高鹽及高脂；新鮮蔬果則含有農藥、重金屬、化學肥料汙染；肉、蛋則含有荷爾蒙、抗生素等；若這些不健康的東西在體內累積到一定的程度，再加上緊張的生活與壓力，就會導致各種慢性文明病的發生。

因此，保健之道首在避免各種汙染物質進入我們的體內。多食用健康營養的機能性食品將是您獲得健康的根本。

美食中的化學－心得

（亦可選擇其他適合的教學影帶參考資料）

任課教授：

組別：　　　科系：　　　學號：　　　姓名：　　　得分：

心得：

美食中的化學－影片賞析

心得引導（共25格填空格，每格4分）

一、食物香氣和呈味

1. 香氣形成的來源：_____，如成熟果香、花香、草香；_____，如蒜頭經打碎形成的大蒜素的香氣；_____，如肉香是胺基酸、糖、油的熱反應香氣。則紅茶香氣的形成來源有_____和_____。製茶流程：_____、_____、_____、_____。

2. 食用香料的天然香料無法普及，原因_____品質不穩定、量少且價昂。（填「是」或「不是」）

3. 人工香料中植物性香料具_____、_____，所以容易將香味化合物經由化學分析法分離、純化後重組製得。

4. 肉類香料的呈味複雜，多採用酵素作用和加熱作用製得，稱為_____，應用於速食麵的粉狀調味包、調味湯、洋芋片、肉乾、豆乾的調味。

二、調味料

1. 味精的化學名稱為_____，由麩胺酸和_____合成而得，是一種鮮味劑。最早由日本學者從_____中提煉，後人從_____法進行大量生產。

2. 高鮮味精是味精和_____組成，鮮度比味精高，可以化清水為雞湯。

三、防腐劑&抗氧化劑

1. 臘肉或香腸中添加亞硝酸鹽的用途除發色外，尚有抑制何種微生物作用_____。

2. 以下何種添加物的添加目的為食品防腐？_____（複選）　(A)己二烯酸鉀　(B)苯甲酸　(C)充氮氣　(D)維生素E。

3. 以下何者與抗氧化劑有關_____（複選）　(A)消耗氧氣　(B)消除自由基　(C)維生素C　(D)維生素E。

四、代糖&代脂

1. 代糖的特性是_____（複選）　(A)提供熱量　(B)血糖不會上升　(C)不提供熱量。

2. 糖精是最早的代糖，是安全的，無致癌性。_____（是非題）

3. 阿斯巴甜是現今使用最普及的代糖,由_____和天冬門酸合成的產物。

4. 代脂Olestra的特性是_____(複選) (A)耐高溫 (B)分子比脂肪小 (C)不會被腸壁吸收 (D)會蓄積在體內。

參考文獻

1. Journal ofNutrition 2000. vol 130, Issu 2, pp189-192.

2. 大家健康(2002)，March, pp28-29。

3. 大家健康(2001)，November, p3。

4. 大家健康(2000)，June, p38。

5. 董氏基金會／大家健康雜誌：http://www.jtf.org.tw/JTF05/Show.asp?This=102。

6. Atherosclerosis 1990 83: 185-191.

7. Lancet 1993 342(8878): 1007-1011.

8. 崴達健康網／健康圖書館／飲食與營養保健／天然食物營養個論：http://www.wedar.com/library/lib5-12.htm。

9. Atherosclerosis 1990 83: 185-191.

10. Lancet 1993 342(8878): 1007-1011.

11. J. Cancer, 2000 88(1): 146-150.

12. Diabetes-Nutr-Metab, 1999 12(4): 256-263.

13. Anticancer-Res, 1999 19(4B): 3237-3241.

14. J Vasc Res, 1999 36(1): 11-14.

15. Eur J.Cancer Prev. 2001 10(4): 365-369.

16. Carcinogenesis, 2000 21(6): 1149-1155.

17. Carcinogenesis, 2001 Jume; 22(6): 891-897.

18. J Agric Food Chemm, 1999 47(3): 1078-1082.

19. 2002，機能性食品研討會，嘉義大學。

20. 鄭惠文，新世紀健康食品，宏欣文化事業有限公司。

21. 李常傳譯，驚訝的甲殼質，殼糖胺療效，世茂出版社。

22. 李旭生（民91），靈芝與蘆薈，青春出版社。

23. Am J Epidemiol 2001, 153(12): 1142-7.

24. 陳其潮(2000)，煉製品之色香味三劑，食品資訊，1:36-42。

25. 「95~97年保健食品研究開發」國科會全程計畫之研究成果發表會，98年10月23日，臺灣：臺大。

26. 張素瓊(2006)，山藥的機能性與食品開發，食品資訊，212, 44-47。

27. 段振離(2006)，菜中皇后～洋蔥，健康世界，5月，67-69。

28. 健康食品概說暨網頁導覽（105.11.21修正）：https:// www.fda.gov.tw/TC/siteContent.aspx?sid=1776。

29. 105年十大死因，行政院衛福部統計處（106.06.19公 布）：http://dep.mohw.gov.tw/DOS/lp-3352-113. html。

30. Lucci; Mazzafera. Rutin synthase in fava d'anta: Purification and influence of stressors. Canadian journal of plant science. 2009, 89 (5): 895-902.

31. doi:10.4141/CJPS09001.

32. Kreft S, Knapp M, Kreft I. Extraction of rutin from buckwheat (Fagopyrum esculentum Moench) seeds and determination by capillary electrophoresis. J.Agric.Food Chem.1999, 47 (11):49–52.doi:10.1021/ jf990186p.

33. 廖宜倫、陳裕星、林雲康、陳鑲斌，蕎麥芸香苷之研 究，臺中區農業改良場一〇一年專題討論專集(PDF)， 臺灣行政院農業委員會臺中區農業改良場：87-96[2016- 08-03]。

memo　　TECHNOLOGY AND LIVING

選擇題

1. 請選出含β胡蘿蔔素的物質？ (A)枇杷 (B)木瓜 (C)柿餅 (D)昆布 (E)以上皆是。

2. 山藥的敘述何者不正確？ (A)淮山是其別名 (B)具美白作用 (C)益腎氣 (D)潤皮毛。

3. 含硒(Se)的食物，吃了令人快樂，請問下列食物何者含有此一元素呢？ (A)雞肉 (B)海產 (C)香蕉 (D)多穀類麵包 (E)以上皆是。

4. 何種食材，其藥理活性對於輕、中度糖尿病的消渴症及高血壓患者有益？ (A)薏仁 (B)大蒜 (C)蘆薈 (D)山藥。

5. 低碳消費中的「百哩飲食」，是指方圓多少公里以內的消費呢？ (A)100 (B)160 (C)60 (D)200 Km。

6. 下列何種食物具抗癌特性？ (A)番茄茄紅素 (B)豆漿 (C)綠茶 (D)大蒜 (E)以上皆是。

7. 藥典闡述何者不正確呢？ (A)紅色入心 (B)白色入肺 (C)黃色入肝 (D)黑色入腎。

8. 下列何種食品調適後可美白、具解毒性又可預防腫瘤？ (A)薏仁和綠豆 (B)魚油和大蒜 (C)蘆薈和蜆 (D)山藥和黑豆。

9. 下列何種機能食品對尿道發炎有改善？　(A)蔓越莓　(B)山藥　(C)薏仁　(D)藍莓。

10. 關於機能食品的特性，何者錯誤？　(A)來源必須是天然的　(B)可以作為每日膳食之用　(C)經過人體消化吸收後有調節生理機能的作用　(D)可大量食用。

11. 《本草綱目》指出「益腎氣、健脾胃、止泄痢、化痰涎、潤皮毛」，是下列何者的寫照？　(A)大蒜　(B)山藥　(C)薏仁　(D)銀杏。

12. 番茄中不含何種成分？　(A)茄紅素　(B)K^+　(C)Ca^{2+}　(D)維生素A和C。

13. 日本人稱「一億人的草」是指　(A)甲殼素　(B)蘆薈　(C)大蒜　(D)蓮藕。

14. 有菜中皇后或蔬菜中的玫瑰之稱是指　(A)大蒜　(B)蘆薈　(C)洋蔥　(D)蓮藕。

15. 承第14題，造成此稱呼之原因是下列何因？　(A)此菜可增進烹調藝術　(B)此菜含硒可增進喜悅度　(C)作為佐料風味獨特　(D)可增進好的膽固醇　(E)以上皆是。

16. 食以黑為珍，下列何者是黑色健康食品？　(A)黑米　(B)黑木耳　(C)烏骨雞　(D)桂圓乾　(E)以上皆宜。

17. 承第16題，造成此稱呼之原因為何？　(A)物美價廉、營養豐富又能防病強身的黑色食品　(B)高纖高營養且易褐變的食物　(C)碩大且多汁的紅色水果　(D)含硒可增進喜悅度且易褐變的食物　(E)以上皆是。

18. 番茄中的何種成分具有抗癌作用？　(A)Cu^{2+}　(B)K^+　(C)茄紅素　(D)維生素A和C。

19. 關於機能食品的特性敘述，何者錯誤？　(A)來源必須是天然的　(B)可以作為每日膳食之用　(C)經過人體消化吸收後有調節生理機能的作用　(D)可大量食用。

20. 下列何者具備抗氧化能力？　(A)含花青素物質　(B)含番茄茄紅素的物質　(C)含異黃素母酮的物質　(D)以上皆是。

21. 自由基的敘述何者不正確？　(A)未成對的電子　(B)具強的活性，有攻擊力　(C)可使人體年輕化　(D)破壞器官、基因、蛋白質等。

22. 體內濕度太高，可吃下列何種食品調適？　(A)薏仁和綠豆　(B)魚油和大蒜　(C)蘆薈和蛤蜊　(D)山藥和黑豆。

23. 何種機能食品食用後可減少體內重金屬蓄積？　(A)蜜柑　(B)甲殼素　(C)姬松茸　(D)蓮藕。

24. 下列何種蔬果是高纖高營養食物？　(A)番石榴
　　(B)蘋果　(C)香蕉　(D)竹筍。

25. 水果醋可加速身體中　(A)蟻酸　(B)鉀離子　(C)檸檬酸
　　(D)乳酸　之代謝。

問答題

1. 何謂機能性食品？

2. 敘述食品中因防腐而遭濫用添加劑之食物？

3. 味素對人體有何影響？如何正確使用味素？有何替代品呢？

4. 如何慎選保健養生的健康食品？

5. 列舉三種您喜歡的機能性保健食品，並說明為什麼？

6. 請寫出五種抗癌食物。

CHAPTER 04

科技與環境

由農業時代發展到工商業普及的高科技時代，所伴隨而來的負面效益，如溫室效應、酸雨、臭氧層的枯竭危機、水汙染、噪音汙染、土壤汙染、地球沙漠化等環境議題，藉由高科技處理的同時，其真正根本解決之道，還是預防勝於治療，而預防首要在於從教育上著手，必需藉著提高環保意識，讓人人知道環境與人的密切關係，來維護自然環境的生產能力、自然環境的自淨能力與自然環境的補償能力，促使人們在政治、經濟與社會活動及環境保護之間取得動態的平衡關係，使社會大眾及其後代子孫有一個良好的生活工作環境，確保永續經營的大自然生態環境。這是學習本章節的重要指標。

科技進步的結果，縮短了彼此的距離，使世界儼然成為一個地球村，因此，造成的環境汙染問題，往往成為世界性的環保議題。環境問題產生的主因不外乎人與環境之間的不協調，如世界人口不斷的膨脹，使得有限的自然資源快速耗竭，加上取而代之的環保產品發明緩慢，環境汙染問題因而越演越烈；觀光業的拓展、新市鎮的開發和都市化的現象，也使得自然環境受到嚴重的破壞；重工業的投資、環境影響評估的不確實、政治與經濟的不均衡等等，都是造成環境問題的原因。當務之急，是如何保護日益敗壞的環境，去除不良之惡習，加速捨棄無法或不易分解的常用垃圾，如塑膠袋、保麗龍等，減輕環境負荷，加速大自然的自淨能力。

Technology and Environment

4-1　重要環保問題

　　人是環境的創始者與改造者，環境除了提供人類物質上的種種需求，也提供社會上、智慧上、道德上和精神上成長發展所需的條件，人與環境關係的密切性由此可知。空氣、水與土壤是人類和生存環境之間得以維繫永續經營的三大要素，人類限制並減少其對所賴以生存環境之資源條件的破壞，方能達到環境保護的目的。空氣、水與土壤等之汙染對人類生存環境而言是一大威脅，因此，維護環境免於受汙染是你我每個人的責任，也是當今社會國家和世界重要的環保議題。體外環保和體內環保一樣重要，呼籲大家要重視並以行動實踐，提升個人的綠生活指數，為成為一位優良的地球公民，而努力不懈。

4-1-1　空氣汙染

　　世界衛生組織(World Health Organization,WHO)定義空氣汙染(air pollution)：「以人為的方法，將汙染物質溢散到戶外空氣中，因汙染物質的濃度及持續擴散時間，使得某一地區之大多數居民引起不舒適的感覺，或危害廣大地區之公共衛生，以及妨害人類、動植物

之生存，此種現象稱為空氣汙染。」而空氣中足以直接或間接妨礙人民健康或生活環境之物質，則稱為空氣汙染物(air pollutants)。空氣汙染程度的表示方法很多，我國及美國常以空氣品質指標(Air Quality Index, AQI)，或汙染物指標指數(Pollutant Standards Index, PSI)來告知民眾空氣品質之優劣。

　　依環保署定義，空氣品質指標(AQI) 為依據監測資料，將當日空氣中臭氧(O_3)、細懸浮微粒($PM_{2.5}$)、懸浮微粒(PM_{10})、一氧化碳(CO)、二氧化硫(SO_2)及二氧化氮(NO_2)濃度等數值，以其對人體健康的影響程度，分別換算出不同汙染物之副指標值，再以當日各副指標之最大值為該測站當日之空氣品質指標值(AQI)，如表4-1。AQI的值是以內插法求得各汙染物（如：一氧化碳(CO)、臭氧(O_3)、氮氧化物(NO_x)、二氧化硫(SO_2)、細懸浮微粒($PM_{2.5}$)、懸浮微粒(PM_{10})及O_3乘以SO_2積之濃度值）對應之AQI副指標，

其中最大值，即為當日AQI指標。如表4-2空氣品質指標(AQI)與健康影響，AQI指數0~500區間指示空氣汙染層級。

表 4-1　汙染物濃度與汙染副指標值對照表

AQI指標	空氣品質指標(AQI)						
	O_3 (ppm) 8小時平均值	O_3 (ppm) 小時平均值[1]	$PM_{2.5}$ ($\mu g/m^3$) 24小時平均值	PM_{10} ($\mu g/m^3$) 24小時平均值	CO (ppm) 8小時平均值	SO_2 (ppb) 小時平均值	NO_2 (ppb) 小時平均值
良好0~50	0.000~0.054	-	0.0~15.4	0~54	0~4.4	0~35	0~53
普通51~100	0.055~0.070	-	15.5~35.4	55~125	4.5~9.4	36~75	54~100
對敏感族群不健康101~150	0.071~0.085	0.125~0.164	35.5~54.4	126~254	9.5~12.4	76~185	101~360
對所有族群不健康151~200	0.086~0.105	0.165~0.204	54.5~150.4	255~354	12.5~15.4	186~304[3]	361~649
非常不健康201~300	0.106~0.200	0.205~0.404		355~424	15.5~30.4	305~604[3]	650~1249
危害301~400	[2]	0.405~0.504		425~504	30.5~40.4	605~804[3]	1250~1649
危害401~500	[2]	0.505~0.604		505~604	40.5~50.4	805~1004[3]	1650~2049

註：

(1) 一般以臭氧(O_3)8小時值計算各地區之空氣品質指標(AQI)。但部分地區以臭氧(O_3)小時值計算空氣品質指標(AQI)是更具有預警性，在此情況下，臭氧(O_3)8小時與臭氧(O_3)小時指標(AQI)則皆計算之，取兩者之最大值作為空氣品質指標(AQI)。

(2) 空氣品質指標(AQI)301以上之指標值，是以臭氧(O_3)小時值計算之，不以臭氧(O_3)8小時值計算之。

(3) 空氣品質指標(AQI)200以上之指標值，是以二氧化硫(SO_2)小時值計算之，不以二氧化硫(SO_2)24小時值計算之。

（下載自環保署網站http://taqm.epa.gov.tw/taqm/tw/b0201.aspx(106.05.05)）

表 4-2　空氣品質指標(AQI)與健康影響

空氣品質指標(AQI)	0~50	51~100	101~150	151~200	201~300	301~500
對健康影響與活動建議	良好 Good	普通 Moderate	對敏感族群不健康 Unhealthy for Sensitive Groups	對所有族群不健康 Unhealthy	非常不健康 Very Unhealthy	危害 Hazardous
狀態色塊	綠	黃	橘	紅	紫	褐紅
人體健康影響	空氣品質為良好，汙染程度低或無汙染。	空氣品質普通；但對非常少數之極敏感族群產生輕微影響。	空氣汙染物可能會對敏感族群的健康造成影響，但是對一般大眾的影響不明顯。	對所有人的健康開始產生影響，對於敏感族群可能產生較嚴重的健康影響。	健康警報：所有人都可能產生較嚴重健康影響。	健康威脅達到緊急，所有人都可能受到影響。

（下載自環保署網站http://taqm.epa.gov.tw/taqm/tw/b0201.aspx(106.05.05)）

　　其對人體健康影響如下：指數區間0~50表示良好；指數區間51~100屬於普通；指數區間101~199屬不良，其對身體不佳、體質敏感的老年人，可能會有症狀惡化的現象，應減少外出；指數區間200~299屬於極不良，可能導致具有肺部及心臟疾病者病情惡化，此等人應留在室內避免外出；指數區間300~400屬於有害，一般人應留在室內避免外出運動；指數區間400~500屬於有害，此區間空氣品質嚴重惡化，所有人應滯留室內，閉鎖門窗，避免消耗體力，見「表4-3 空氣品質指標(AQI)與活動建議」。

　　環境中常見的空氣汙染物有一氧化碳、硫氧化物、氮氧化物、揮發性碳氫化合物及光化學性過氧化物等，茲將汙染物對環境與人的影響分述如下：

一、硫氧化物(SO_x)

　　硫氧化物包含二氧化硫(SO_2)和三氧化硫(SO_3)，主要由含硫燃料（如煤及石油）燃燒產生，其來源來自火力發電廠、工業製程、工業鍋爐、家庭暖爐、交通工具等汙染源，這些汙染源會形成二氧化硫，二氧化硫在空氣中進一步氧化而形成三氧化硫。對人體健康造成影響主要以刺激呼吸系統為主，會造成呼吸困難、氣管炎、肺炎等現象。

表 4-3　空氣品質指標(AQI)與活動建議

空氣品質指標 (AQI)	0~50	51~100	101~150	151~200	201~300	301~500
對健康影響與活動建議	良好	普通	對敏感族群不健康	對所有族群不健康	非常不健康	危害
	Good	Moderate	Unhealthy for Sensitive Groups	Unhealthy	Very Unhealthy	Hazardous
狀態色塊	綠	黃	橘	紅	紫	褐紅
一般民眾活動建議	正常戶外活動。	正常戶外活動。	1. 一般民眾如果有不適，如眼睛痛、咳嗽或喉嚨痛等，應考慮減少戶外活動。 2. 學生仍可進行戶外活動，但建議減少長時間劇烈運動。	1. 一般民眾如果有不適，如眼睛痛、咳嗽或喉嚨痛等，特別是減少戶外活動。 2. 學生應避免長時間劇烈運動，進行其他戶外活動時應增加休息時間。	1. 一般民眾應減少戶外活動。 2. 學生應立即停止戶外活動，並將課程調整於室內進行。	1. 一般民眾應避免戶外活動，室內應緊閉門窗，必要時應配戴口罩等防護用具。 2. 學生應立即停止戶外活動，並將課程調整於室內進行。

表 4-3 空氣品質指標(AQI)與活動建議（續）

空氣品質指標(AQI)	0~50	51~100	101~150	151~200	201~300	301~500
敏感性族群活動建議	正常戶外活動。	極特殊敏感族群建議注意可能產生的咳嗽或呼吸急促症狀，但仍可正常戶外活動。	1.有心臟、呼吸道及心血管疾病患者、孩童及老年人，建議減少體力消耗活動及戶外活動，必要外出應配戴口罩。 2.具有氣喘的人可能需增加使用吸入劑的頻率。	1.有心臟、呼吸道及心血管疾病患者、孩童及老年人，建議減少體力消耗活動及戶外活動，必要外出應配戴口罩。 2.具有氣喘的人可能需增加使用吸入劑的頻率。	1.有心臟、呼吸道及心血管疾病患者、孩童及老年人應留在室內並減少體力消耗活動，必要外出應配戴口罩。 2.具有氣喘的人應增加使用吸入劑的頻率。	1.有心臟、呼吸道及心血管疾病患者、孩童及老年人應留在室內並避免體力消耗活動，必要外出應配戴口罩。 2.具有氣喘的人應增加使用吸入劑的頻率。

（下載自環保署網站http://taqm.epa.gov.tw/taqm/tw/b0201.aspx(106.05.05)）

二、一氧化碳(CO)

　　汽機車燃燒不完全或石化燃料燃燒不完全等所產生的一氧化碳氣體，它是一種窒息性、無色、無臭、有毒且易擴散的氣體。此種氣體之毒性極強，一氧化碳與血液中血紅素的親和力是氧的300倍，吸入易造成中樞神經機能減退，破壞紅血球的功能，量達750ppm即可能致命。工廠中一氧化碳容許量為50ppm。容許量(TWA)濃度越低的氣體，其毒性越強。

　　常見的一氧化碳中毒症狀：輕者會有暈眩、嘔吐、噁心、耳鳴、流汗、頭痛、全身痛、站立困難，嚴重者將會導致死亡。據報載：曾有一對夫妻洗完澡後發生一氧化碳中毒的現象，夫走出浴室後就跌倒在地上，妻雖沒那麼嚴重，但走沒幾步就跌倒，跌跌撞撞，終於打了電話，沒多久救護車來了，將他們送進醫院加護病房高壓氧急救，妻急救了3天3夜、夫急救了10天終於平安出院。此意味著場所通風的重要性，不要疏忽，避免造成不可收拾的局面。

三、氮氧化物(NO_x)

　　造成空氣汙染之氮氧化物主要有一氧化氮(NO)、氧化亞氮(N_2O)和二氧化氮(NO_2)等氣體。氮

氧化物主要來源，來自內燃機燃燒產生，另外細菌活動、打雷等皆可生成氮氧化物。一氧化氮為無色、無臭之氣體；二氧化氮具有刺激味的紅棕色氣體，毒性較一氧化氮強四倍；氧化亞氮俗稱笑氣，是一種毒性氣體。對人體健康之影響有刺激眼睛、鼻子及肺部，症狀有肺水腫、氣管炎和肺炎等如同感冒之症狀。

四、碳氫化合物（烴，C_nH_{2n+2}）

氣態碳氫化合物的來源，如液化石油氣（LPG，丙烷和丁烷）、天然瓦斯（LNG，主要為甲烷和乙烷）、汽油的揮發物、炒菜油煙、焚香拜拜的煙霧（含多環芳香烴，PAHs）等皆含有碳氫化合物。低濃度的碳氫化合物對人體呼吸系統產生刺激，而高濃度的碳氫化合物則對人體中樞神經產生影響，甚或致癌，如苯、甲苯等有機溶劑易引起肺癌。

五、光化學性過氧化物

光化學性過氧化物，係經由光化學反應產生的過氧化物，如臭氧、過氧硝酸乙醯酯(PAN)等，而光化學煙霧中的主要成分是臭氧。臭氧是具有刺激味

的不穩定氣體，對人體健康的主要影響為，刺激嘴、鼻、喉黏液膜及乾燥作用；對眼睛的刺激為引起倦怠，致視覺靈敏度改變，造成交通意外事件，如著名的倫敦光煙霧引起重大的交通意外事件；嚴重者會有肺水腫、肺充血、肺功能改變等情形。持續曝露在此氣體汙染物下超過容許濃度則會有頭痛、食慾減退、疲勞等症狀，並引起支氣管炎及肺功能障礙。

由於氣體本身具有可擴散性，人與人接觸頻繁，因此，所造成的環境汙染問題常常成為世界性的環境議題，如溫室效應(Greenhouse effect)、臭氧層消失(Ozone depletion)、酸雨(Acid rain)危害、沙塵暴(Tornado)等等，現將此等世界性的環境問題成因敘述如下。

1. 溫室效應(Greenhouse effect)

當強度較強的短波長太陽光（如紫外線，UV）輻射到地球表面，經地表吸收、反射、散射等作用後，變成強度較弱的長波長輻射能（如紅外線，IR），最後大部分再輻射回太空。此等輻射回太空的長波長輻射能經大氣中的溫室氣體（如二氧化碳、甲烷、氟氯碳化物、氧化亞氮、低層臭氧及水

蒸氣）吸收後，大氣溫度升高，使得地球表面有如
一溫室，此種現象稱溫室效應(Greenhouse effect)。

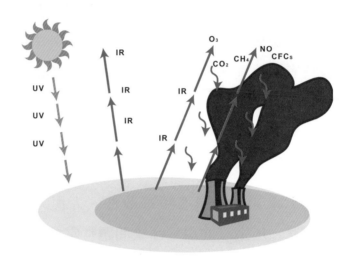

　　溫室效應貢獻的氣體有：二氧化碳(50%)、甲烷
(20%)、氟氯碳化物(15%)、氧化亞氮(10%)及低層臭
氧(5%)，前蘇聯科學家發現大氣中二氧化碳的濃度
與大氣溫度有直接的關係，二氧化碳是溫室效應的
元凶，其濃度加倍，可使全球平均氣溫上升
1.7~4.4°C，海平面上升0.25~0.3m/°C，因此，溫室
效應所造成全球暖化現象，已使得沿海沖積平原及
地勢較低窪的城市，受到很大的威脅與危害。

　　此種氣候變化對生態環境所造成的影響有：(1)
高緯度地區植被急遽變化；(2)沙漠地區狀況更惡

化；(3)全球暖化，因此水循環加速，導致極端氣象（如水災、旱災、聖嬰和颶風等現象）發生頻率偏高且更嚴重；(4)生產力（如農業、森林）受影響，不均的現象將更明顯；(5)傳染病增加（如SARS、禽流感、甲型流感病毒(H1N1)、伊波拉病毒、小兒麻痺症、茲卡病毒和近期的新型冠狀病毒(SARS-CoV-2)等）。這些現象在越落後貧窮的國度或適應不良的地區所受的衝擊就越顯著。

2. 臭氧層消失(Ozone depletion)

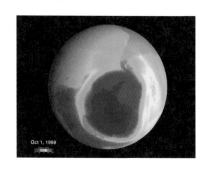

Oct 1, 1998

　　臭氧層位於地表10~50Km的上空範圍內，主要集中在平流層(Stratosphere)20~30Km之間。臭氧層(Ozone layer)是地球的防護傘，將太陽散射中最具危險性的輻射線，即紫外線加以阻隔。臭氧層若消失形成破洞，則紫外線長驅直入，對生態環境影響甚大。氟氯碳化物(CFCs)已被證實為破壞臭氧層的主要物質，紫外線會將氟氯碳化物分解，釋出氯原子，釋出的氯原子迅速的與臭氧分子結合，由此引發破壞臭氧層的連鎖反應(Chain Reaction)，示於下圖：

（1） $CFCl_3 + UV \rightarrow Cl + CFCl_2$

（2） $Cl + O_3 \rightarrow ClO + O_2$

（3） $O_2 + UV \rightarrow O + O$

（4） $ClO + O \rightarrow Cl + O_2$

\} 可重複多次

臭氧層的連鎖反應

　　氟氯碳化物因穩定性高、無毒、不助燃、不自燃且不易起化學變化、對人類身體傷害較小等優點，因而使用遍及各種工業及日常生活用品，常用的原料有CFC-11(CCl_3F)、CFC-12(CCl_2F_2)及CFC-113($C_2Cl_3F_3$)等，此等原料經3~5年會飄到臭氧層，而導致臭氧層破洞，近年推動環保冷媒後，已逐漸改善了。

　　在對流層(Troposphere)與平流層飛行之飛機所排出的一氧化氮，也是破壞臭氧層的物質之一。臭氧層消失產生過多的有害紫外線（UV-A和UV-B）對地球環境影響深遠，如增加人類罹患白內障、皮膚癌的機會，同時削弱人類免疫系統功能，促使植物基因突變，海洋中的浮游生物進行光合作用及新陳代謝受到不良影響，增加溫室效應的威脅等不利於地球永續生存的現象。有鑑於此，我國中央氣象局自87年7月1日起增報紫外線指數（參考表5-2），以

提醒社會大眾，進行戶外運動時要做好保護措施，避免紫外線引起的傷害。

3. 酸雨(Acid rain)

　　自然雨pH值約5.5，但是雨水中若溶入空氣汙染物中的硫氧化物、氮氧化物、碳氧化物等，經氧化作用後轉化成稀硫酸、稀硝酸和稀碳酸，致使雨水pH值因而降低。1980年後，環保署的研究報告中，已統一將雨水酸鹼值達5.0以下時，正式定義為「酸雨」。造成酸雨的主要元凶是二氧化硫，而其汙染源主要來自火力發電廠、熔煉工廠等所排放之氣體。

　　酸雨對環境的危害相當大，如土壤酸化、加速淋溶作用、降低土壤肥沃度、妨礙植物新陳代謝，並影響農作物生長；對自然環境影響嚴重，腐蝕大理石和金屬，所以住宅、橋樑和藝術品等建築物常受到酸害與破壞；影響人體健康，導致肺癌、氣喘等疾病；降低湖泊之酸鹼值，並溶出湖底有害金屬離子（如鋁離子, Al^{3+}），導致生物死亡，破壞生態系統，而形成死水。目前世界上遭受到酸化的湖泊不計其數，尤其先進的歐洲所受到的酸化汙染更為嚴重。酸雨的危害已成為世界的環境問題，大家不得不更關切此一議題。

4. 沙塵暴(Tornado)

　　臺灣地區空氣品質主要受到下列三項因素之影響：(1)本地固定汙染源，主要是工廠和工業區等固定汙染源，導致空氣品質受影響；(2)移動汙染源，如汽、機車等移動式交通工具所產生的影響；(3)境外移入的汙染，嚴重影響臺灣地區空氣品質，主要的境外移入有來自大陸地區汙染源，包括人為因素造成的冬季酸雨和自然環境的影響。自然環境的影響主要來自蒙古附近沙漠揚起的中亞沙塵暴為主要來源。

　　大陸沙塵暴主要發源地，位於北緯35度以北，東經125度以西的中國西北和華北、蒙古一帶，包含新疆、甘肅、河套、內蒙古、外蒙古等地區。此區域年降雨量都在400mm以下，且季節分布相當不均衡，為東亞發生沙塵暴的主要源地。冬末到春季為沙塵暴的好發季節，其中以2月底至5月中發生頻率最高，占全年的70%以上，每年發生次數不一。

　　沙漠地區的沙塵為地球中懸浮粒子的主要來源，光是撒哈拉沙漠的沙塵，即占了全球大氣中懸浮微粒的25%。中國西北地區則位於中亞沙漠區中，排名世界四大沙漠區的第二位（四大沙漠區依序為中非、中亞、北美及澳大利亞），中國西北區沙塵對東亞環境的影響力不容忽視。

　　發生沙塵暴的兩大主要條件，為地表性質與氣象條件，分述如下：

1.　地表性質：主要發生於沙漠化的地區，須具備土質鬆軟、乾燥、無植被或草木生長及沒有積雪等條件。

2.　氣象條件：強烈的地面風、垂直不穩定的氣象條件及沒有降雨、降雪的天氣現象。

　　沙塵暴的影響是全球性的，冬末至春季發生大範圍的沙塵暴後，受強風揚起的沙塵造成空氣中含大量塵土，遮蔽了當地日照，能見度趨近或甚至為零。因此，超強的沙塵暴又稱為黑風暴。根據文獻調查顯示，中國西北地區近四十多年來的超強沙塵暴約有50次之多，造成人員傷亡約有10多次，已造成人民生命財產及農業的重大損失。臺灣地區僅在特殊氣象條件配合下，才會造成空氣品質不良，84年3月發生泥雨的現象為目前最嚴重的個案。91年2月21日及3月6日懸浮顆粒濃度最高分別達到200及150 μg/m³。

　　沙塵暴發生後，顆粒較大的粒子即沉降到地面，對發源地或鄰近地區的環境品質影響很大；顆粒較小的粒子可以向上傳送到大氣壓力為700~850百帕(pa)高空（相當於1,000~3,000公尺），再藉由西風帶的氣流向東傳送，在傳送的過程中，一部分沙塵因擴散或稀釋，使得沙塵隨傳送的距離越遠，濃度越低；一部分沙塵因傳送過程中，受到沉降或降雨（雪）的沖刷效應而到達地面。沙塵暴往往夾帶著細菌，因此，當沙塵暴飛越上空時必須戴口罩或減少外出，以減輕其危害。

　　中國西北方的沙漠，揚起的沙塵暴可東移到日本、韓國及10,000公里外的夏威夷，往南可影響到臺灣、香港，甚至到達菲律賓，影響範圍相當遼闊。沙塵暴向外傳送到數千公里遠的其他地區後，影響當地能見度並且造成大氣中懸浮微粒增加，影響該地空氣品質。沙塵滯留的時間長短或大小，則需視發源地沙塵暴發生的規模、延續時間，以及配合該地的氣象條件是否為沙塵傳送方向和有利沉降的重要因素。依過去馬祖的觀測記錄，短則僅數小時影響能見度；長則影響達一星期，甚至造成泥雨的現象。

　　因此，受到沙塵霾影響的國家，多數由氣象及空氣品質觀測，了解當地受到沙塵暴的影響情形，再追溯沙塵暴源地發生時間及規模。由於沙塵暴源地，土質鬆軟、地面乾燥、地表沒有植被，一旦在大範圍空氣不穩定及地面風速大的條件下，很容易將地表沙塵吹起，進入空氣中而形成沙塵天氣，此種沙塵對空氣品質的影響，已是全世界的環境問題，但透過氣象觀測站，可提前三天偵測得知，因此可及早因應。

4-1-2　水汙染

　　生命的起源來自水體，地球上的水資源約1,340,056,250 Km³，占地表的七成，但可供人類使用的僅有550,000 Km³。一般人常認為水資源是取之不盡、用之不竭的；事實上並非如此，從民國91年5月臺灣北部的限水措施及後續的類似事件，大致可感受到水資源短缺的潛在危機。目前世界上有40%的人口，生活在乾旱地區，足見水資源保護與儲存的重要性。如何改善水的使用功效呢？除了減少水管漏水外，尚可在乾旱特殊區域興建水庫加強蓄水或減少水資源受汙染，此等重要議題已成為當前重要的環保問題。

　　民國80年5月6日行政院公布水汙染防治法，定義水汙染為水中因物質、生物或能量之介入，而改變用水的品質，導致其正常用途或危害國

民健康及生活環境者稱為水汙染。水汙染的來源甚
廣，茲介紹如下：

1. **都市汙水**：都市汙水包含家庭廢水、商業廢水、
   事業單位之廢水等，占臺灣地區各種水汙染源每
   天排放量之21.4%。

2. **工業廢水**：臺灣地區中小型工廠特別多，水質掌
   握不易，因此工業廢水排放量居水汙染之首要，
   占55.5%。

3. **畜牧廢水**：畜牧廢水之排放量僅次於工業廢水，
   占23.1%，畜牧廢水主要以養豬場為主。

4. **其他**：其他水汙染產生源，如自然環境的改造、
   雨水汙染、農藥流入河川的汙染、礦場、垃圾滲
   出水的汙染等，這些來源也會造成水汙染。

　　水質的特性指標，可藉由生物性、物理性以及
化學性指標來告知水質汙染程度，茲將三種指標詳
細介紹如下：

一、生物性指標(biological indicator)

　　生物性指標包含水中生物多樣性、大腸桿菌數、
病原體半數致死量和優養化等五項，茲分述如下：

1. 水中生物多樣性

　　水中動植物對水體之適應能力不一，耐毒性也不一，如鯛魚類中之吳郭魚耐毒性比一般魚強。一般潔淨的水，呈現水中生物種類較多而數量較少的現象，即生物多樣性；汙染的水體則水中生物種類少而數量多。因此，透過水中生態可了解水汙染的概況。

2. 大腸桿菌群(coliform bacteria)

　　指好氧性短桿狀無芽胞的細菌，在溫度35°C培養時，可使乳糖在48小時內發酵產生氣體，同時在顯微鏡下觀察呈現革蘭氏染色陰性反應。溫血動物的糞便中含有此類病菌，因此大腸菌數為糞便水汙染之重要汙染指標，單位為MPN/100mL，即每100毫升水樣中大腸菌最大可能數。

　　報載2011年6月，歐洲地區傳出腸道出血性大腸桿菌導致多人食物中毒致死事件，元凶是德國下薩克森邦境內農場生產之豆芽遭大腸桿菌汙染所致。出血性大腸桿菌引起的食物中毒潛伏期約為2~8天，會產生水瀉、腹痛、血便等症狀，嚴重者可能引起腎衰竭，造成長期洗腎，死亡率約3~5%。

3. 病原菌(pathogens)

溫血動物之糞便排泄物中除含一般細菌外，尚含有致病之細菌或微生物，如痢疾、傷寒、霍亂、小兒麻痺病毒等。都市廢水若處理不當，易造成病原體的汙染，危害人體健康。

4. 半數致死量(Median Lethal Dose, LD_{50})

J.W. Trevan於1927年提出半數致死量測試，當能殺死一半試驗總體之有害物質、有毒物質或游離輻射的劑量，稱之。

半數致死量簡稱LD_{50}，此乃檢定生物毒性之用，在一定試驗時間內（24小時或48小時），僅有半數可以存活時之該毒性物質濃度，固體物質稱LD_{50}；液體物質則稱LC_{50}，而利用此值可比較廢水毒性大小，水體中某物質LC_{50}越小，則毒性越強。

5. 優養化(eutrophication)

添加磷酸鹽的合成清潔劑、肥料等之汙水排入水體，導致湖泊、河流、水庫等水體中氮、磷含量過高，造成水生植物過度成長，藻

類大量繁殖，水中溶解氧的含量降低，而水體發臭，甚至滋生毒藻，間接影響到水中動物生長。因此可藉水中植物的檢視，來判斷水體汙染程度。近年來，已有專家提出有效緩解優養化現象的研究。

二、物理性指標(physical indicator)

檢驗水質的第二個指標是物理性指標，包含水體的溫度、色度、濁度、懸浮度與泡沫、臭味等五項，茲分述如下：

1. 溫度(Temperature)

最大汙染源來自發電廠的廢熱，汙水排入河川後導致溫度上升，溫度越高，水中溶氧(DO)量越低，溫度影響微生物之活性、氣體之溶解度、水之黏滯性、密度、蒸氣壓、表面張力(surface tension)等。因此溫度越高，水中微生物的活性越強，加速有機物的分解，因而消耗溶氧量。

2. 色度(Chromaticity)

水體的顏色是由水體亮度和色度共同表示，而水體色度則是水體顏色的性質，其反映的是水體顏色的色調和飽和度。

　　色度的量測以鉑鈷為單位，色度可區分成真色度（去除水中懸浮物所測得的色度）及視色度（由水樣直接測得之色度），汙水中常含有腐植質、浮游生物、金屬離子、汙泥、水草等雜質，色度高，直接影響水中植物的光合作用、水的觀瞻、利用及處理，一般剛釋出的汙水呈現淺灰色，時間久了便呈現暗灰色。因此測水的色度，可了解水體汙染的狀況和水體釋出的時間。

3. 濁度(Turbidity)

　　水體濁度，泛指水體中因為肉眼可見大量懸浮物質而造成的混濁情形，類似空氣中的煙霧。濁度表示水對光的反射及吸收性質，其來源有淤泥、浮游生物、黏土、懸浮微粒、矽土等而導致水質受到影響，濁度可以儀器測量之。濁度量測是水汙染的重要測試項目之一，以NTU為水體濁度的單位。

4. 懸浮物質(Suspendedsolids)與泡沫

　　水中懸浮物質有浮上質、沉澱質、膠質、浮膜等，而泡沫來源有肥皂、清潔劑等，降低水的再曝氣作用(reaeration)，欲清除水中懸浮物常用鉀明礬或硫酸鋁鉀[$KAl(SO_4)_2$]作為凝聚劑，可將懸浮物凝聚而逐漸沉降。

5. 臭味(Odor)

微生物分解之腐化汙水常含有有機物質（如肥皂質、油質臭）及無機物質（硫化氫、氨），皆可使水形成臭味。臭味以初臭數(Threshold odor number, TON)之幾何平均值表示，即廢水的體積與稀釋到無臭味之水的體積和除上廢水之體積所得之值即為初臭數。TON值越高表水體臭味越明顯，TON<1，表示聞不到臭味。

$$\text{TON} = \frac{（廢水的體積）+（稀釋到無臭味水的體積）}{（廢水的體積）}$$

三、化學性指標(Chemical Indicator)

1. 酸鹼值(pH)

室溫時，pH=7的水體屬中性，pH>7的水體屬鹼性，pH<7的水體屬酸性。純水為中性，蒸餾水屬弱酸性，肥皂水則為鹼性。

2. 水中溶氧(Dissolved Oxygen, DO)

DO是水汙染重要指標之一，水中溶氧來自大氣中的自然現象，每100mL的水體有3mL的溶氧。壓力一定時，當溫度越高時，DO越少。當DO在2以下屬於嚴重汙染。溶氧影響到河川的自淨作用，也關係到河川中動植物之生存與水資源之利用。

3. 生化需氧量(Biochemical Oxygen Demand, BOD)

在地面的水體中，微生物分解有機物的過程中，其所消耗水中的溶氧量，稱為生化需氧量（簡稱BOD），常用單位為毫克／升。

BOD是水汙染重要化學指標之一，表示水中有機物質，在某一特定的時間及溫度下，由於好氧性微生物的生物化學作用（喜氣分解與厭氣分解）所耗用的氧量，稱為BOD。由此可推估廢水中所含可氧化分解之有機物多寡，BOD值在15以上之水體屬嚴重汙染。

4. 化學需氧量(Chemical Oxygen Demand, COD)

在水體中，能被氧化的物質，在某條件下進行氧化過程所消耗氧化劑的量，以每公升水樣消耗氧的毫克數來表示，稱為化學需氧量（簡稱為COD），COD的大小反映出水體中有機物質汙染程度。

COD是水汙染重要指標之一，以化學方法氧化（常用氧化劑為$K_2Cr_2O_7$、$KMnO_4$）廢水中有機汙染物後，滴定剩餘之氧化劑量，而藉以測定出水樣中的有機物相當量。英國與日本以高錳酸鉀($KMnO_4$)為

氧化劑，而美國與我國則以二鉻酸鉀($K_2Cr_2O_7$)為氧化劑，$K_2Cr_2O_7$氧化力較強，再現性佳，工業廢水、毒性廢水或不易被生物分解之物質，常以此方法表示水體之相對汙染濃度。

5. 清潔劑

先民早期用了許多天然清潔劑，最負盛名者首推「茶粕」，其為一種利用茶籽擠搾茶油殘留下來的副產品——茶籽渣，但清潔效果不佳，因而被肥

皂取而代之。肥皂利用乳化及其泡沫之吸附作用去汙，但其最大的缺點在於硬水洗滌費時、費力，又不經濟。於是當德國人首先開發出合成洗潔劑(ABS)，便造就風靡一時的盛況。

大量使用清潔劑的結果，使得河川中含有少量的支鏈烷基苯磺酸鹽(Alkyl BenzoSulfate, ABS)，俗稱硬性清潔劑，毒性低，2 ppm時就會產生泡沫，雖如此但許多國家已停止生產，乃因生物不易分解，會引起泡沫及臭味等汙染河川問題；而改用直鏈烷基苯磺酸鹽(Linear

AlkylbenzoSulfate, LAS)，俗稱軟性清潔劑，排入河川中易受生物分解，少有汙染問題。

6. 重金屬

　　水中含有汞(Hg)、鎘(Cd)、鉛(Pb)、鉻(Cr)、砷(As)等元素，對人體造成不同程度之影響，汞在人體中會累積毒性，引起中樞神經中毒，如神經痛、中樞神經障礙等。日本有名的水體食物鏈甲機汞中毒事件導致水俁病(Minamata disease)，就是著名的水中含有機汞汙染造成的，嚴重者會造成下一代終生癱瘓。電鍍、金屬工業廢水汙染造成鎘汙染，而引起痛痛病(Itai-Itai disease)，鎘離子取代鈣離子，導致骨骼疼痛，天寒時似有人在體內敲鑼打鼓似的，故又稱冬痛病。鉛中毒也是經由食物鏈造成，在人體中會造成累積作用，引起便祕、貧血、食慾不振、肌肉麻痺、腹痛和痙攣等症狀。大量攝取含鉻的六價離子化合物，易引起嘔吐、腹痛、腹瀉、尿毒症等。長期飲用含砷量高的水質，會導致烏腳病(Blackfoot disease)，患者常見末梢血管阻塞，因雙足發黑而得名。

7. 其他化合物的影響

(1) 氰化物（如NaCN、KCN和有機氰化物等）有劇毒性，易致命，電子廢料資源化回收工廠常以高濃度的氰化物有機溶劑，作為貴金屬之剝離作用。

(2) 含硝酸鹽的水易使嬰兒導致藍嬰症，當飲用水中如果含有高濃度的硝酸鹽，用此水沖泡奶粉給嬰兒飲用，將造成「藍嬰症」，此症乃因硝酸鹽代謝成亞硝酸，亞硝酸與血紅素結合，因而降低了血紅素攜帶氧氣的功能性，導致嬰兒因缺氧而呈現全身藍紫色的皮膚。

(3) 氟含量過高易致蛀牙、黃斑牙。

(4) 酚具有臭味，存在於藥皂。

(5) 多氯聯苯(PCBs, Polychlorinated biphenyls)中毒，會導致油症病。於民國57年和68年分別發生在日本與臺灣，兩造皆是因為食用了多氯聯苯(PCBs)汙染的米糠油而中毒，即是知名的米糠油中毒事件，又稱為多氯聯苯中毒事件。下圖為多氯聯苯結構式。

8. 放射性物質

　　水體受放射性物質影響，間接引起人體細胞及組織的異常，產生生物輻射效應，而導致癌症或遺傳基因受破壞等症狀。

　　水汙染的影響是多方面的，如農業影響、水生物的影響、人體健康的影響、飲水的威脅、生態景觀發展受限等，因此不得不正視水汙染問題。

4-1-3　土壤汙染

　　土壤汙染通常是人為因素介入，使土壤中毒素累積到一定程度後，造成品質的惡化，影響土壤肥沃度，土壤受汙染後經食物鏈間接影響人體健康，此汙染短時間內不易被發現。

　　土壤中的汙染物主要來自──都市汙水、農藥和化學肥料、酸雨、工業廢水、畜牧廢汙等。土壤一旦受汙染不易立即察覺，通常要歷經長時間才會被發現，土壤中的汙染物不易被分解，而且復原不易。汙染物進入作物中經食物鏈而進入人體，影響人體健康，如新聞報導中稻田受鎘汙染生產之鎘米導致痛痛病或冬痛病。

　　土壤中常見的重金屬汙染物主要有汞(Hg)、鉛(Pb)、鎘(Cd)和鉻(Cr)等有害物質，而鋅(Zn)、銅(Cu)則次之。塑膠工廠或電鍍廠等所排放的廢水中含有汞汙染物，間接影響人體健康，使中樞神經中毒；電池、電鍍工廠等排放廢汙造成土壤中含鉛量過高，經食用作物進入人體後，發生如食慾不振、腦神經衰弱等現象；塗漆工廠、煉鋅工廠、輪胎廠等汙染源導致鎘遷移到土壤中，吃了含鎘的米易導致痛痛病；電鍍廠、皮革工廠、顏料廠汙染土壤而致鉻含量過高，經食物鏈進入人體中易致皮膚過敏、肺癌。

4-2　科技方法解決環保問題

　　環境汙染因科技的發達而呈現更複雜的多元問題，解決之道首在預防，預防是最便宜、最長期，也是最佳的處理方式，將汙染物阻絕於事前，發揮預防勝於事後補救的環保精神。

4-2-1　空氣汙染問題的解決方法

　　對於空氣汙染的解決方法，可以考慮下列四種不同策略：

策略1　選擇乾淨能源作為燃料

若能在使用前選擇乾淨能源作為燃料，如以液化石油氣（LPG，主要為丙烷和丁烷）、液化天然氣（LNG，主要為甲烷）代替重油或燃煤。

策略2　燃料事前處理

如事前的燃料脫硫處理，燃煤若能事前處理，便能減少部分空氣汙染物之產生；或以無鉛汽油代替含鉛汽油，減少環境中鉛的沉降。

策略3　全面禁用氟氯碳化物

全面禁用氟氯碳化物(CFCs)，並發展代用品，使用環保冷媒（HCF-134A為水箱冷媒，410A為冷氣用冷煤）及回收再利用，停止生產氟氯碳化物相關製品。

策略4　禁止森林之濫砍、濫伐

大力禁止森林之濫砍、濫伐，且加強綠化。

如此事前防範策略，便可以緩和地球暖化效應、改善酸雨問題和臭氧層變薄的危機，根本之計還是在於節約能源及發展再生永續能源。

　　近年來由於中國西北地區沙漠化情形日益嚴重，造成沙塵暴發生頻率升高，其規模之大已嚴重影響到人體健康，應重視並及早解決沙漠化的問題，方可預防沙塵暴的發生。根據環保署的監測，沙塵暴發生後，於適當的氣象條件下影響臺灣地區，一般最快也需要36~48小時。因此臺灣地區尚有時間蒐集相關資訊加以分析，並由馬祖觀測站監測後報導。環保署配合大氣條件，以研判沙塵霾是否會影響到臺灣地區，作為每日預報的參考。

　　目前沙塵暴發展的相關資訊，環保署係透過下述方法進行研判，並定時氣象報告：世界氣象組織(WMO)規定，國際間氣象觀測站每6個小時（上午2時、8時及下午2時、8時）對外發布氣象觀測結果，因此可藉由較為完整的東亞地面氣象報告資料，作為判斷沙塵暴發生的強度大小及區域範圍。

　　沙塵暴為東亞沙漠區春季相當活躍的天氣現象之一，通常伴隨有長程輸送現象的沙塵暴系統僅占每年沙塵暴現象中的一小部分，其中能影響本地區空氣品質的個案更屬少數，但因沙塵可能造成本地區大規模空氣品質惡化，是故環保署相當重視。為加強汙染物長程傳輸現象的查證與觀測，環保署自

88年起設置了馬祖觀測站，以提早掌握沙塵霾影響本地區的時間。早在91年監測結果即顯示，當馬祖觀測站懸浮微粒受沙塵暴影響濃度上升後，約在數小時內即可以影響到臺灣地區空氣品質。

　　依過去沙塵暴影響臺灣地區空氣品質監測資料及相關研究報告顯示，沙塵一般透過大陸冷高壓南下夾帶的東北季風輸送，因此環保署在臺灣地區東北部臨海的萬里觀測站、西北部臨海的觀音觀測站、東部的宜蘭觀測站，甚至在國家公園的陽明觀測站，都可作為判斷本地區受外來汙染源影響的指標觀測站。該地區觀測站平均懸浮微粒濃度一般不會直接受到臺灣本地汙染源的影響，懸浮微粒濃度多在50μg/m³以下，一旦受到外來汙染源影響，懸浮微粒濃度會急速增加至100μg/m³以上，且各區域空氣中懸浮微粒濃度皆會上升，隨著風向不斷擴散汙染源，並增加汙染源的濃度。環保署目前已建立電腦自動

監測系統，一旦有上述現象，便可立即監控並發布相關資訊，防範沙塵暴所帶來的危害。

4-2-2　水汙染問題的解決方法

　　水汙染的影響層面甚廣，如人體健康、工業發展、農業灌溉等，因此水汙染的解決策略日益受重視。水汙染源的種類很多，有來自家庭及商業廢水、工業汙水、農業汙水之排放等等，解決水汙染措施必須具備更佳的汙水控制與處理系統、減少有毒廢棄物排放與危險廢棄物的生產、研究水體自淨能力、利用氧化塘淨化廢水、局部處理汙染水域，並加強管制與取締，尋求更完善且安全的水供應系統與管理策略等。

　　汙染源的控制與處理過程，最佳的技術是防範於未然，讓汙染物消失於生產過程中，發展乾淨、無公害、無汙染的環保方法。其次是發展廢水的回收與再利用，利用逆滲透法使工業廢水回收再利用，以節約用水並降低成本（一般工廠廢水回收利用四次後再予以排放）；家庭廢水可設蓄水池回收，回收廢水可應用在馬桶沖水、澆花等；都市汙水經處理後利用於灌溉，充分應用水資源，發揮功用。再其次是應用生物、化學等技術處理高濃度汙水和汙泥等水汙染問題，汙水處理主要以去除BOD和COD為目標導向，以便提高水體之DO，防止優養

化，並做適當前處理以防止水體受重金屬汙染，達到灌溉標準之水質，才不致間接影響人體健康。

水體自淨能力的研究方能確定汙水處理程度，汙染的水體因發生化學作用，如酸鹼中和、氧化還原、化合與分解、混凝與沉澱、吸附與聚合等，發生生物分解作用，如微生物的喜氣分解(aerobic)、缺氧分解(anoxia)和厭氣分解(anaerobic)，分解有機汙染物；發生物理作用，如稀釋、混合、沉降、遷移、浮除等。因此可使汙染物濃度減少，甚至轉化成無毒、安全、無害的水體，有助汙水處理。氧化塘淨化廢水，乃是利用生物降解作用、氧化還原過程將廢水轉化成水質穩定的出水。此種處理方法經濟又方便，且符合廢水資源化的利用原則，為一實用方法。

水源汙染經常是局部區域，因此局部的處理就顯得格外重要，如日本水俁灣的汞汙染，造成水俁病即是水域局部汙染的例子，常見處理方法有疏浚法、覆蓋法和化學處理法等。疏浚法是挖出含汙染物的底泥，特別是重金屬汙染的處理最適合，這些底泥挖出後可採用衛生掩埋法、固化法、物理、化學和生物方法加以處理。覆蓋法是應用水中沉積物

表層的微生物活性達最高，促使一般的反應都在表層進行，因此加入某種物質（如細砂、礦渣、廢羊毛、塑料模、網狀吸散物）將沉積物覆蓋，使其與水區隔，阻止汙染源擴散。化學處理法，是利用沉澱法，使其生成難溶性物質，經分離而淨化水體。

4-2-3 土壤汙染問題的解決方法

土壤受到汙染後需長時間加以整治才能復育，其整治措施介紹如下：

1. 採取排土（挖去汙染的土壤）、客土（用非汙染的土壤覆蓋於汙染土表上）、翻土（將底層乾淨土壤與上層汙染土壤互換）、水源轉換等措施。

2. 生物改良措施，利用非經濟作物的強力吸收排除部分汙染物，如重金屬等之汙染。

3. 降低汙染物質的活性：為了降低重金屬的活性，常用的改良劑有硫酸鹽（使汞、鉛、銅等重金屬生成沉澱）、石灰（調整酸鹼值）等。

4. 追蹤調查食用汙染作物者，採取必要之適當措施。

5. 有機氯農藥汙染的土壤，可採用水旱輪作方式加速排解予以改良，不適水旱輪作之田地則可施用生物改良劑，加速農藥降解。

　　未汙染的土壤，則限制汙染物質排入土壤、規劃公害防治措施、監視及測定汙染物質、鼓勵使用可防治汙染之材料。

　　透過此等方法加以預防和整治，將可保護土壤資源，防止汙染物進入土壤、侵蝕土壤、土壤鹽鹼化、土壤沙漠化等現象，使汙染的土壤經整治後得以復耕，重振地球資源。

4-3 環境荷爾蒙簡介

　　環境荷爾蒙的發展，可追溯到1897年《文明的殘酷》一書，書中預言大自然的反撲，肇因於文明的進步。1962年Rachel Carson《寂靜的春天》(Silent Spring)一書提醒人工合成殺蟲劑（例如：DDT）大量使用，導致鳥類、昆蟲大量死亡或奄奄一息，因而震驚全球環境生態學家與關心環保人士。DDT早在1874年被Zeidler合成出來，瑞士化學家Paul Muller於1939年發現其神奇的殺蟲效果，1948年獲諾貝爾獎。DDT曾是農業上病蟲害和傳染病（瘧疾）防治上的萬靈丹，但R.Carson卻稱它為「致命的萬靈丹」。他在書中描述慢毒性化學品甚

於急毒性物質，急毒性化學品大家知所防範，但是慢毒性物質大家習以為常，即使吃了也沒什麼感覺，有如溫水煮青蛙，越陷越深，最終難逃一劫。如2011年5月臺灣爆發飲料食品中的起雲劑添加塑化劑事件，長期飲用將導致環境荷爾蒙影響。

1996年動物學家Theo Colborn等人以《失竊的未來》(Our Stolen Future)一書警告世人，要求對內分泌干擾性物質(endocrine disrupting chemicals, EDCs)引起生物雄性化、不孕症，以及其他的生物效應，呼籲世人重視。此書將74種干擾生物體內分泌系統之化學物質定名為「外因性內分泌干擾物質(endocrine disrupter substances, EDS)」。1997年美國環保署(EPA)認為內分泌干擾物質係一種身體以外的化學性物質，進入人體後會干擾身體內荷爾蒙的合成、分泌、輸送、結合、作用或排除等功能，進而影響生物體的恆常性、生殖、發育和行為。1997年日本NHK提出通俗化名詞「環境荷爾蒙(environmental hormone)」，來取代冗長的外因性內分泌干擾物質(endocrine disrupting chemicals)，意指周遭環境中的微量化學物質藉由食物鏈進入生物體內，其化學結構與生物體內荷爾蒙相似，而傳遞假

性或抑制性的訊號，因而錯亂生物體內正常生理機制，許多生態學者、流行病學家、內分泌學家和環境毒理學家皆呼籲大家重視。

　　Sonnenschein&Soto提出干擾生物體內荷爾蒙的機制有四個，即：

1. 形成假性荷爾蒙，在身體不需要的狀況下出現，干擾生物體內荷爾蒙正常運作，有些化學物質的官能基和人體內荷爾蒙接近，因此進入細胞內，模仿荷爾蒙功能。例如：DDT、DES（人造動情素）。

2. 抑制真性荷爾蒙的作用，降低或阻斷荷爾蒙的正常作用。

3. 干擾生物體真性荷爾蒙之合成或代謝。

4. 干擾生物體荷爾蒙受體之合成與代謝。

　　戴奧辛是環境荷爾蒙的頭號殺手，它是無意間產生的東西，卻無所不在，聯合國環境規劃署稱之為環境孤兒(environmental orphans)。環境荷爾蒙以魚目混珠的方式進入身體，受體一旦與之結合，開啟了細胞特殊生物化程序，此種被活化的受體將干擾體內荷爾蒙的正常運作與平衡狀態。

4-3-1　生活中的環境荷爾蒙

　　環境荷爾蒙也許就在你我身旁，濃度很低的有機氯化合物的影響，即使是微量，如十億分之一公克(parts per billion, ppb)，也可能引起生理危害，如男性精蟲濃度減少等。美國Auger等人發現28~37歲男性精蟲平均數由過去1973~1992年20年間，減少50%，同樣的現象也出現在丹麥、英國、法國、日本等國。此種慢毒性危害不得不花時間認識並重視它，茲將生活中的環境荷爾蒙簡述如下：

1. 化學性防曬乳液：七種常用紫外線吸收劑中發現有六種具有乳癌細胞增殖、子宮肥大與抗雄激素等作用。

2. 碗裝泡麵容器中的BHT安定劑：引起肝臟肥大、染色體異常、降低繁殖機率等；容器中有90%是發泡苯乙烯製成的保麗龍，稱為聚苯乙烯(polystyrene, PS)，苯乙烯有致癌性，可用熱、油溶出單體；餐具、奶瓶、罐頭等驗出酚甲烷，造成睪丸變小、精子減少。塑膠容器的大敵是熱和油，而刮傷也容易釋出。奶瓶易釋出酚甲烷，罐頭的塗布材料是環氧樹脂，以酚甲烷為基礎。

3. 分解出壬基苯酚(nonyl phenol)的壬基酚聚乙氧基醇類非離子型界面活性劑：被微生物分解後的產物，不再被分解，造成雄性動物雌性化，影響生長與生殖力。

4. 檢測出戴奧辛的焚化爐：環境荷爾蒙頭號殺手，易致癌；塑膠、保鮮膜製品含有氯乙烯合成樹脂或氯乙烯合成纖維，再加上降低燃燒，而產生戴奧辛。大部分低溫燃燒的物質易產生戴奧辛，例如森林火災不完全燃燒有機物或火山活動；使用有鉛及無鉛汽油和柴油也可能排放戴奧辛，其中以柴油的排放量較高；多氯聯苯電容器因燃燒時會產生多氯　喃；吸菸行為附近會暴露比一般環境較多的戴奧辛；露天燃燒垃圾等缺乏氧氣而不完全燃燒。

5. 人造動情素DES（diethyl stilbestrol，雙乙基二羥簪）安胎藥：造成女童長大罹患中性細胞陰道癌機率高。

6. 環境荷爾蒙也存在女用化妝品中。例如BHA多用於倩碧的化妝水等外國品牌中；苯二甲酸酯類大多用於乳液、乳霜、化妝水、粉餅等；雛酸二乙

酯(diethyl phthalate, DEP)則用於眼線筆、口紅、消口臭劑以外的所有化妝品;雛酸二辛酯(DOP)用於指甲油;而雛酸二甲酯(dimethylphthalate, DMP)以及雛酸二丁酯(DBP)幾乎添加於眼線筆、口紅、消口臭劑、入浴用化妝品以外的化妝品中。保鮮膜、玩具中所釋出之苯二甲酸保鮮膜接觸到油性食品,或用微波爐加熱時,會溶出可塑劑。焚化時,也會產生戴奧辛。苯二甲酸酯類會溶於血漿,因而造成靜脈阻塞、使人畸形、睪丸變小、精子減少等現象。

環境荷爾蒙可透過飲用水、飲品、土壤底泥、日用品接觸等管道進入生物體,無所不在的致命危機,不得不注意。

4-3-2　對人類造成的危害

環境荷爾蒙對人類造成的危害有,致癌(乳癌、攝護腺癌等)、免疫系統受損、生殖力下降、性別中性化、孩童學習行為異常、影響腦組織和中樞神經的發展、甲狀腺功能改變。

環境荷爾蒙大多為脂溶性化學物質,日本學者研究指出食物纖維可以提高戴奧辛、脂溶性毒素的代

謝作用，使其失去棲身之處，而轉入肝臟，又肝臟的代謝酵素對毒素起作用，強化了毒素的代謝與排泄。故多吃自然的食物纖維，就是最好的養生之道。

4-3-3 對生物造成的危害

行政院環保署公告，環境荷爾荷爾蒙對野生生物造成的影響如下：

1. 魚類和鳥類不正常的甲狀腺功能和發育現象。
2. 減少貝、魚、鳥類和哺乳動物的生殖能力。
3. 降低魚類、鳥類和爬蟲類動物的孵化率。
4. 形成魚、鳥、爬蟲動物和哺乳動物的去雄性化(demasculinization)和雌性化(feminization)等現象。
5. 造成軟體動物、魚類和鳥類去雌性化(defeminization)和雄性化(masculinization)。
6. 後代存活力減少。
7. 改變鳥類和海洋哺乳動物的免疫力和行為等。

野生生物影響食物鏈也間接影響人體健康，大家不得不重視。

4-4　科技環保的永續經營

　　世界人口即將在本世紀中邁入百億，近年來人類為滿足人口激增的需求，提高生活品質，努力追求經濟發展，在工業化和科技化的進步前提下，常常無節制的使用自然資源，破壞生存環境而不自知。直到近幾年環保意識抬頭，且不斷有證據顯示環境的危害日益加劇，故才逐漸為人們所重視，同時也體會光靠技術只能治標不能治本，唯有實施全球環保，方能維持地球資源的永續發展，也才能達到根本解決環境汙染問題之道。

　　前挪威首相布倫特蘭夫人(Gro Harlem Brundland)領導的聯合國世界環境與發展委員會(WCED)在1987年發表〈我們共同的未來(our common future)〉，闡述人類正面臨一系列的重大經濟、社會和環境問題，提出永續發展的概念，此概念得到廣泛的接受與贊同，並在1992年聯合國環境與發展大會上得到共識，她提出永續發展的定義為：「人類有能力使開發持續下去，也能使之滿足當前之需要，而不致危及下一代滿足其需要的能力。」分析其內涵，認為永續發展應包含公平性(fairness)、共同性

(commonality)和永續性(sustainability)三原則。就社會層面而言，主張公平分配，以滿足當代及後代全體人民的基本需求；就經濟層面而言，主張共同建立在保護地球自然系統基礎上的持續經濟成長；就自然生態層面而言，主張人類與自然和諧相處的永續性。

1989年，史佩斯(James Gustava Spath)從科技選擇的角度擴展永續發展的定義，認為永續發展就是轉向更清潔、更有效的技術，盡可能使用密閉式或零排放的製程方法，盡可能減少能源和其他資源的消耗。1992年世界資源研究所也從技術的角度探討永續發展，認為永續發展是建立在極少產生廢料和汙染物的製程或技術系統上，汙染並非工業活動不可避免的結果，而是技術差、效率低的表現。21世紀人類已因環境汙染和能耗而警醒，因而加速再生永續能源（如太陽能、風能、水力能、潮汐、地熱和海洋能等）之研究。

永續發展所追求的目標，應考量不同層次發展的國家，貧窮的開發中國家，應以發展經濟、消除貧窮、解決糧食荒、健康及衛生問題為主要發展方

向。而工業化的國家應透過技術創新、品質提升、改變製程減少排廢、提升生活品質與水準、關心全球重大議題為主要目標。而我們在即將邁入工業化國家之林，永續發展應有幾個方向：

1. 鼓勵經濟成長的同時，應節約資源、減少廢汙排放、理性消費、提升生活品質。

2. 工業發展應以保護自然生態環境為基礎，資源的利用應和環境保護相協調，在環保的前提下發展工業，控制空汙、改善品質、維持生物多樣性、維護生態系統的完整性。

3. 簡樸生活，科技文明帶來了空前的富裕，但心靈卻顯得空虛貧乏；人潮車隊已然癱瘓了都會街頭，而精神卻孤單寂靜。現代文明悄然走到了盡頭，迷幻的街頭終究成空，唯有回頭過簡樸的生活，讓人們心靈沉澱，從日常生活中履行環保，人人投入與參與，才能提升生活品質，達到人類永續發展的目標。

　　總之，唯有人們持續保持警覺心，節能低碳、開創新技術和發展再生能源，實踐綠色消費並響應永續地球活動，人類和自然環境才會越來越和諧，後代子孫也才能永續生存。

化學與我們這個地球－心得

（亦可選擇其他適合的教學影帶參考資料）

任課教授：

組別：　　科系：　　學號：　　姓名：　　得分：

心得：

參考文獻

1. Ebbing Wentworth(2000), Introductory Chemistry, 2nd. Ed. P282.

2. 林郁欽、張錦松、黃政賢（民90），環境科學概論，3rd. Ed. 臺北：高立。

3. 高秋實、袁書玉（民81），環境化學，1st. Ed. 臺北：科技圖書。

4. 林健三（民83），環境科學概論，1st. Ed. 臺北：文笙。

5. 孫克勤（民71），人與環境，環境科學，2(4), 1~15。

6. 張隆盛、葉俊宏（民88），永續發展的精髓—簡樸生活，環境教育季刊，37, 2~11。

7. 沈孝輝(2001)，大地雜誌，4, 135-150。

8. 蘇金豆（民93）。環境荷爾蒙動畫機制探究及其危害預防，德霖學報，18, 115-122。

9. 柳家瑞：環境荷爾蒙的化學檢測方法與發展現況。環境檢驗雙月刊 2000; 31: 10-14。

10. 王正雄：環境荷爾蒙—地球村二十一世紀之熱門課題。環境檢驗雙月刊 2000; 29: 6-14。

11. 廖健森、張碧芬、袁紹英：環境荷爾蒙塑膠添加物（鄰苯二甲酸酯類）之環境流布。環境檢驗雙月刊 2001；38: 12-16。

12. 林祁麒：化學性防曬乳潛藏環境荷爾蒙作用。消費者報導 2003；268:25-26。

13. Ding, W.H. &Tzing, S.H. J. Chromatogr. A, 2002, 968, 143-150.

14. 黃壬瑰：內分泌干擾物質（環境荷爾蒙）生物檢測方法。環境檢驗雙月刊2001; 35: 21-27。

15. Sonnenschein, C.& Soto, A.M. Anupdated review of environmental estrogen and androgen mimics and antagonists. J Steroid Biochem Mol Bio 1998; 65: 143-150.

16. 王正雄：環境荷爾蒙及其生理作用機制。環保月刊 2002; 9: 158-163。

17. 凌永健：環境荷爾蒙的化學分析。環境檢驗雙月刊 2000; 32: 9-15。

18. 林祁麒：排除體內毒素的高手。消費者報導 2001; 242: 58-59。

選擇題

1. 下列何種程度的劑量，即可引起環境荷爾蒙？　(A)ppb
(B)ppm　(C)ppt　(D)mM。

2. 提出環境荷爾蒙的通俗名詞，是下列哪個國家？　(A)日
本　(B)美國　(C)紐西蘭　(D)加拿大。

3. 下列何書警告世人，要求對內分泌干擾性物質引起的生物
雄性化、不孕症，以及其他生物效應，呼籲世人重視？
(A)失竊的未來　(B)寂靜的春天　(C)致命的萬靈丹　(D)
以上皆是。

4. 人體吸入氣體CO之容許濃度為何？　(A)750　(B)250
(C)125　(D)50 ppm。

5. 痛痛病是因何種金屬汙染導致？　(A)鉛，Pb　(B)砷，
As　(C)鎘，Cd　(D)鋁，Al。

6. 清潔劑ABS的特性敘述何者有誤？　(A)可降低水的表面
張力　(B)水溶液具導電性　(C)生物分解性能較LAS佳
(D)攪動水溶液會產生泡沫。

7. 烏腳病導因於長期喝含何種金屬元素之水所致？　(A)
砷，As　(B)鎘，Cd　(C)鉛，Pb　(D)汞，Hg。

8. 從87年7月1日起，中央氣象局增報下列何種指數，以提醒國人預防受到傷害？ (A)空氣品質 (B)紫外線 (C)CO (D)CO_2。

9. 造成湖泊或池塘產生「優養化」的原因為何？ (A)氧及磷 (B)硫及磷 (C)氮和磷 (D)氯及磷。

10. 欲清除水中懸浮物，常用凝聚劑是 (A)氯氣 (B)臭氧 (C)活性碳 (D)鉀明礬。

11. 環境汙染主要包括以下何種汙染？ (A)水 (B)水和空氣 (C)水、空氣和土壤 (D)水和土壤。

12. 液化煤氣中常加入下列何種氣體來偵測煤氣是否外漏？ (A)氯 (B)二氧化碳 (C)硫醇類 (D)氮。

13. 光化學煙霧主要是何種物質增加所造成？ (A)硫的氧化物 (B)氮的氧化物、碳氫化物 (C)碳的氧化物 (D)氫的氧化物。

14. 檢驗水質時，其生物耗氧量稱為： (A)BOD (B)COD (C)DO (D)pH。

15. 何種物質不會造成水汙染？ (A)工業廢水 (B)家庭廢棄物 (C)清潔劑 (D)氧。

16. 羅馬許多藝術雕像古蹟最近數十年來遭受嚴重傷害，根據分析主要原因為：　(A)人手觸摸　(B)汽車排放廢氣　(C)濕度變高　(D)材料變質。

17. 評估水質指標何項非越低越好？　(A)pH值　(B)BOD質　(C)COD質　(D)濁度。

18. 學習環境科技的目的為何？　(A)增進子孫幸福　(B)地球得永續經營　(C)更加了解公害防治及自然保育　(D)以上皆是。

19. 會吸收紅外光而導致溫室效應之氣體是？　(A)氯氣　(B)二氧化碳　(C)氫氣　(D)氮氣。

20. 「海市蜃樓」是何種氣體形成　(A)二氧化硫　(B)二氧化碳　(C)二氧化氮　(D)二硫化碳。

21. UV光可經由何種氣體吸收？　(A)臭氧　(B)二硫化碳　(C)水蒸氣　(D)氯氣。

22. 排放廢氣時，若加強過濾及使用靜電集塵器，將最有助於下列何種汙染物的防治？　(A)懸浮微粒　(B)氮氧化物　(C)硫氧化物　(D)溫室氣體。

23. 下列有關空氣汙染的敘述，何者錯誤？ (A)戴奧辛(dioxin)會長期累積在生物體內，為「世紀之毒」 (B)當大量二氧化碳不斷被排放，會使地球平均溫度上升 (C)為防治酸雨生成，需針對排放廢氣的NH_3加以管制與處理 (D)氟氯碳化合物因光照引發連鎖反應，造成臭氧層破壞。

24. 下列有關空氣汙染與溫室效應的敘述，何者不正確？ (A)防制空氣汙染的方法，包含改善製程及設施、抑制汙染物排放、使用清淨能源等 (B)會造成溫室效應的氣體，包括二氧化碳、氟氯烷、甲烷、一氧化二氮、臭氧等 (C)空氣中懸浮微粒的來源，可能為營建施工揚塵、燃燒焚化、砂塵暴、車輛排放廢氣等 (D)二氧化硫會與空氣中的碳氫化合物作用，生成危害人體健康的光化學煙霧。

25. 造成酸雨的主要元凶是何氣體？ (A)氦，He (B)一氧化碳，CO (C)二氧化硫，SO_2 (D)一氧化氮，NO。

26. 致命的萬靈丹，是指下列何者的稱呼？ (A)PCB (B)DDT (C)DES (D)DMP。

27. 聯合國稱環境的孤兒，是指下列何者？ (A)巴拉松 (B)多氯聯苯 (C)硫酸 (D)戴奧辛。

28. 彰化米糠油中毒事件引發油症病，乃因食用何種化學物質引起？　(A)聚氯乙烯，PVC　(B)聚乙烯，PE　(C)聚丙烯矸，PAN　(D)多氯聯苯，PCB。

29. 發生在日本的「水俁病」是飲用含何種金屬元素所引起的中毒？　(A)鋁，Al　(B)汞，Hg　(C)鉛，Pb　(D)鎘，Cd。

30. 下列何者會導致生活中的環境荷爾蒙？　(A)化學性防曬乳液　(B)戴奧辛　(C)酚甲烷　(D)以上皆是。

問答題

1. 何謂空氣汙染？汙染物指標指數(PSI)中之汙染物指哪些？

2. 敘述常見的空氣汙染物？

3. 闡述世界性的環保問題？

4. 溫室效應對生態環境所造成的影響為何？

5. 臭氧層消失或破洞對地球環境所造成的影響為何？

6. 闡述酸雨對環境的危害？

7. 敘述影響水質之化學性指標？

8. 敘述環境荷爾蒙對生活之影響？

CHAPTER 05

化妝品與生活

前言

　　適切運用彩妝、讓繽紛色彩親吻您的臉頰，可使
自我形象更臻於完美，化妝不但展現自己信心的一面，
更代表一種社交禮儀。因此自古人們就有使用化妝品
(cosmetics)的習慣，例如，早期埃及使用紅色素作為臉頰和嘴
脣的化妝品，以綠色孔雀石（mineral nalachite，主要成分為
$CuCO_3$、$Cu(OH)_2$）彩妝眼線等等，皆是應用化妝品於日常生活禮儀
的象徵。時至今日，由於現代化科技與化妝品工業技術的結合，使
得化妝品種類呈現多樣化，如清爽收斂型、滋養型、深層卸妝、柔
嫩化妝水加強保濕組合、柔養敷面霜等等；化妝品市場呈現一片榮
景，也因為琳瑯滿目、各式各樣的化妝品，使得消費者面對業者的
廣告難以辨其良莠，因此具備一般化妝品的基本知識，有其必要性
與實用性。

C osmetic
  and Life

5-1 化妝品使用概論

　　隨著生活的富裕與科技的進步，化妝品的種類越來越多，也越來越受重視，然化妝品與藥物(drugers)如何區分呢？傳統上藥物可改變身體功能、診斷疾病、治療疾病、鬆弛症狀等療效，因此需要衛生福利部的認可。而化妝品只是簡單的改善外表，無藥品規範之嚴格，不須相關單位的認可即可使用，完全是市場機制導向。如何正確選擇化妝品，做好自己的美化及保養，對消費者而言更是智慧上的一大考驗。例如，柔膚果酸的主要成分——水楊酸(salicylic acid)，是從柳樹皮中以有機溶劑萃取出來的產品，水楊酸含量0.2~1.5%，可抗老化、淡化黑色素及除皺紋之功效，但含量1.5%以上則容易過敏、產生紅斑、有刺痛感等現象，因此相關的基本常識不可不知。美麗的膚質象徵健康的喜悅，具備豐富的化妝品使用技巧與保養知識，是達成健康喜悅的捷徑。

　　優雅的氣質與魅力，來自知識的累積與勇氣的淬煉。化妝品廣告詞非常多，如：「我每天只睡一小時」、「你可以再靠近一點」、「我的皮膚像水

一樣的柔細」等等。使用與採購前應先了解廣告陷阱，避免所費不貲，卻成毫無成效，唯有知己知彼，方能買到最合適的化妝品。

　　化妝品依材料來源，概略分成二類：第一類是來自自然界動植物直接萃取的化妝品；第二類是來自化學合成的科技產品。目前科學家尚未有任何顯著或直接的證據可闡述，二者中何者較具效果？何者較具安全性？因此不要一昧的相信天然便是貴，天然便是好的廣告用語；有的產品雖標榜無香料味道(fragrance free)，聞起來沒有任何香味，因此稱不含香料產品，但其中可能添加抑制劑來掩蓋味道，而無標示清楚罷了，故要慎思明辨。

　　標示低過敏(hypoallergemic)性的產品也許是謊言，有的產品會標示經皮膚科醫師完成過敏性測試，不刺激肌膚，這些測試，有其科學的依據嗎？其效度與可信度事實是不高的，所以消費者應有認知，任何已完成的測試結果，並不代表該產品不會引起自我的皮膚過敏等不適症候群。含酒精的產品具有殺菌及幫助美容劑滲透的能力，也有照顧肌膚的功能，因此，無須過度排斥，對酒精不適者或過敏者，可選擇不含酒精類型的化妝水。有的產品標

榜不含酒精(alcohol free)，但未言明是否有其他醇類（如擦拭酒精、異丙醇）替代，此一廣告值得酒精過敏的消費者詳加注意。有些產品廣告其成分不阻塞毛孔，使用此產品的膚質，其毛孔較不易阻塞，雖然保證不阻塞，但是不保證不長青春痘。青春痘產生的主因是毛孔阻塞及荷爾蒙失調所致，而其形成過程如下：

當皮脂無法從毛細孔排出時，毛細孔周圍的角質層變厚，一旦皮脂無法排出就會形成積存，積存的皮脂和毛細孔脫落的角質同時阻塞了毛細孔，若有黑色汙垢，就會形成黑色青春痘，當細菌在皮脂或角質層繁殖，就會發炎，而形成紅色青春痘，此時切勿擠壓，應看醫生治療，若繼續惡化，其中心會產生化膿現象，皮膚紅腫，有時會傷害到真皮組織，出膿後易殘留痕跡。

其他陷阱，尚有上架期限，雖然有標示產品的保存期限，但保存期限只供參考，不意味著絕對安全，儲存環境非常重要，若銷售地點溫度太高、直接曝曬陽光產生的輻射熱、環境髒又亂，則可能未達保存期限就已變質了，因此，消費者重視保存期限之餘，更應清楚儲存環境。

　　選擇化妝品最初碰上的最大障礙，是來自各產品的廣告花招層出不窮，使得消費者不知如何取捨。以下幾則購買要點，提供需要者參考：

1. 盡量嘗試多樣化的化妝品，不要侷限單一產品。

2. 找專人洽談，切勿不好意思，結合專業知識的諮詢，讓你我更清楚。

3. 化妝品使用前應塗在手背處以確認顏色，如此可了解不同膚色混合後的顏色變化。

4. 考量自己膚色和臉型，選擇適當顏色，不一定跟著流行走。

5. 知己知彼——配合時間、場所與場合(TPO)充分掌握技巧，使化妝品更富變化。

　　以微酸性產品來清潔皮膚正確嗎？化妝水概分成二種：一種為酸性的化妝水，屬於收斂用；另一種為鹼性的化妝水，是柔軟清潔用。酸性會使皮膚毛孔收斂，反而清潔不到毛孔內汙垢，對眼睛黏膜不刺激；而中性或鹼性則有軟化作用，適合清潔。因此，保養品還是以微酸性比較好（其pH值與皮膚相近）；清潔用品則以中性或鹼性較適宜。

　　使用保養品的原則，應遵守幾個基本要點：當保養品一旦出現化學反應，應立即丟棄該產品；如果發現產品的顏色、味道和狀態等有不對勁的現象，應立即停止使用；化妝品不要隨意分裝在小瓶子中，易汙染、變質，改變化妝品特性；生病時盡量不要化妝，避免毛細孔代謝受阻；化妝品儲存環境應小心保存，放在陰涼通風處且應關緊瓶蓋；使用噴霧髮膠、粉狀類等產品應暫時停止呼吸，因為此類微小顆粒若大量囤積在肺部會傷害健康，故使用時應暫時停止呼吸；化妝品中有的含有有機溶劑，如酒精(alcohol)、丙酮(acetone)等易燃物，故應遠離火源，避免危險發生；展示臺上的產品與化妝器具盡可能避免使用，因這些產品經多人使用後，有些人皮膚易受影響而導致過敏或感染等現象；行進走動間，更應避免上妝，以免發生意外。

　　化妝品的使用機制，除產品選擇外，把握使用的技巧與原則，也是相當重要的。

5-2　皮膚的保養

　　人體的皮膚分二層，即位於表面的表皮層(epiderm)，與位於表皮之下的真皮層(dermis)。表皮外側為角膜層(corneallayer)，大多為沉滯的細胞(dead cells)，濕度約10%，pH值約4.0，主要的蛋白質為角質素(keratin)，新細胞不斷生成，由下而上推陳出新，代謝約三天一週期，老的皮膚可透過羥基酸(α-hydroxy acid)、乙醇酸（化學式為$HOCH_2COOH$，存於一般的乳霜和乳液中）溶解之，而使皮膚更年輕化，香皂雖粗糙但也具有相同的功用。皮膚科醫師常用化學皮(chemical peels)來取代老化的角膜層（化學皮的成分是三氯乙酸(CCl_3COOH)），或診治被硫酸脫水的皮膚，以滿足人類愛美的天性。

　　真皮(dermis)中的皮脂腺(sebaceuous gland)分泌油脂，並保護皮膚避免水分過度流失（健康皮膚水分保持在10%左右），乾燥皮膚(dry skin)比正常油脂含量低，易裂解且易感染；潮濕的皮膚(moist

skin)是菌類(bacteria and fungi)的溫床，易導致皮膚癢、過敏或濕疹等現象。皮膚在洗滌時往往容易移除油脂，因此，有些人天天洗澡(routine bathing)可能導致皮膚乾燥而受損，故皮膚的保養是有其必要性與需求性。真皮中的汗腺(sweat glands)有二種：外分泌的汗腺(eccrine glands)和泌離的汗腺（apocrine glands, 腺體分泌出之分泌產物，積留在分泌細胞的游離端，然後再排出來，如乳腺分泌）。200萬個汗腺可調整體溫，在青春期(puberty)時較為激烈，正常排汗屬物理變化而非化學變化，因此沒有味道，但若有細菌(bacteria)在皮膚表面上，則會產生五味雜陳的味道。

皮膚對人體的功用有六點，茲說明如下：

1. 保護作用(protection)：對內保護皮膚抵抗冷熱傷害、化學活性物質的傷害、光線、細菌與塵埃等的侵襲，對外保護皮膚防止紫外線（尤其是UV-B）傷害深層肌膚。

2. 知覺作用(sensation)：皮膚對冷熱溫痛有所感應，適時發出訊號以應付體外的狀況調節。

3. 分泌與排泄作用(secretion and excretion)：皮膚分泌汗水與皮脂，當皮脂腺分泌不足時，易產生乾燥、皺紋、老化等現象，過剩則易長面皰。汗水

是腎臟另一個代謝廢物的管道，代謝鹽分、尿
酸、廢物、乳酸與毒素等。

4. 體溫調節作用(body temperature control)：皮膚表
   面的角質層屬非導體，傳熱不易，故身體不受外
   界溫度變化而改變體溫。

5. 呼吸作用(respiration)：透過毛孔進行皮膚呼吸作
   用，將表面的氧氣和組織內的水分轉化成水蒸氣
   而蒸散。

6. 表達作用(expression)：人的七情六慾包含喜、
   怒、哀、樂、愛、物、慾，這些表情很容易形之
   於色，透過皮膚呈現於外表而顯露無遺。

　　頭髮的角質素中含有大量胺基酸——半胱胺酸
(cystene)，示如下圖。半胱胺酸具二硫鍵，這些蛋白
質鏈(protein chain)以螺旋形(spirals)扭曲形成一束頭
髮。從結構中產生的二硫鍵、氫鍵、醯胺鍵可解釋
頭髮緊密結構之機械性和物理性。燙髮是頭髮中的
二硫鍵被破壞導致多胜鍵的重排，當燙髮後其二硫
鍵及其他鍵結重新建立，就成為永久燙髮。熱燙製
品(hot-wave preparations)配方，有亞硫酸鹽、揮發
性鹼液與非揮發性鹼液等。揮發性鹼液，其pH值約
11，有氨水、碳酸銨、嗎林(morpholine)等；而非揮
發性鹼液，如碳酸鹽、硼砂等。

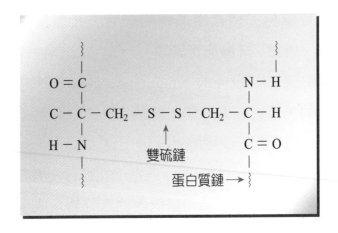

$$O = C \quad\quad\quad\quad\quad\quad\quad N - H$$
$$C - C - CH_2 - S - S - CH_2 - C - H$$
$$H - N \quad\quad\quad\quad\quad\quad\quad C = O$$

雙硫鏈

蛋白質鏈 →

5-2-1 膠原蛋白、果酸及胎盤素

　　皺紋(wrinkle)的出現主要是真皮層膠原蛋白(collagen)含量減少，真皮層膠原蛋白的量會隨人體老化而減少。人從出生到20歲膠原蛋白會增加，20~50歲之間，膠原蛋白若無任何外力影響會維持不變，50歲以上膠原蛋白則逐漸減少，到了70歲達最小量，且女性較男性變化更為明顯。因此，人體老化是造成膠原蛋白減少的主要原因，另外工作環境過度乾燥、不當拉扯皮膚等也會造成膠原蛋白的

流失。一旦膠原蛋白流失，真皮層張力降低，彈力蛋白逐漸喪失彈性，因而呈現鬆垮狀態時，皮膚便會出現皺紋。

膠原蛋白富含甘胺酸(glycine)、脯胺酸(proline)、羥脯胺酸(hydroxyproline)，但缺乏半胱胺酸(cystine)。膠原蛋白主要由牛軟骨及牛真皮製備而得。膠原蛋白的應用，在外用保養方式上，可作為美容保養的保濕劑，能有效的保持水分，於乾燥氣候或空調環境中適合選購含膠原蛋白的化妝品保養。在口服保健的功效上，因在胃腸道會水解吸收，作為人體生合成膠原蛋白原料。腸胃吸收不佳的人最好能同時服用抗氧化劑，以減少自由基對膠原蛋白的破壞。亦可採用注射法，但此方法需由專科醫師執行，注射膠原蛋白對減少前額和兩頰皺紋有其改善作用，此法約可維持半年到二年的時間。

果酸(AHA)含有羥基羧酸官能基(hydroxy acid)，其包括許多種類，如：乳酸(lactic acid)、蘋果酸(malic acid)、檸檬酸(citric acid)、甘醇酸(glycolic acid)等，最易在水果中自然生成，因此，此種酸性化學物質通稱為果酸(fruit acids)。其功用簡介如下：

1. 化妝品添加AHA以調整酸鹼值。

2. AHA可除去皮膚外層老化結構，而顯現出內層細嫩結構。

3. 化學換膚(chemical exfoliation)作用。

選購AHA保養品時需注意下列事項：

1. AHA之濃度：10%以下屬於保養用商品；10~40%適合專業美容師調理使用；40%以上為醫師處方，治療用換膚藥品，需經醫師診斷後方可使用。

2. 應從最低濃度開始使用，避免不良後果。

胎盤素來自健康動物體的胎盤(Placenta)萃取物，其組成有蛋白質、荷爾蒙、凝血因子、紅血球生成素、多醣體、卵磷脂…等物質。胎盤素的功用如下：

1. 保養品

胎盤素具美白、細胞新生和增強肌膚免疫機能之作用。胎盤素所含蛋白質和多醣體具有良好保濕功效，長期使用可減少肌膚細紋產生；其中荷爾蒙和紅血球生成素有促進肌膚細胞新生功效。

2. 救人

胎盤臍帶的血液可取代骨髓，解決骨髓不易取得之困難。

3. 中醫研究顯示之功效

口服或注射胎盤素具有增強體力、促進生長發育、助創傷癒合之功效。中藥的紫河車（胎衣、胞衣，由健康產婦胎盤製成）可有效治療皮膚潰瘍。

世界各國使用胎盤素的狀況，在歐美地區，對高級化妝品使用上仍有安全考量，在原料取得上亦有道德性爭議，但其共同特色皆以研究結果作為發展基礎；日本則以美容保養外用為主，因胎盤素含有抑制黑色素形成的前驅物，可吸收紫外線，防止黑色素沉澱，達到皮膚美白效果。

使用胎盤素產品應該注意以下建議——胎盤素雖經科技證實有其美容功效，但是取得上充滿著神祕和禁忌色彩。胎盤素必須以動物母體胎盤製作為來源，因此有安全性的問題，可能因而感染肝炎、愛滋病或狂牛症等疾病；有道德性爭議，貧窮落後地區曾有母親以墮胎方式出售胎盤以換取金錢。採購上應選擇信譽良好的廠商，且以少量漸進方式使

用。胎盤素口服或外用，完全視個人肌膚狀況及體質而定。均衡飲食、正常作息、適度運動及充足睡眠是維持亮麗的基本原則，若能輔以基礎的肌膚保養工作，則對膚質會有更大的幫助。

5-2-2　潔乳霜、乳液和冷霜

水只能洗去水溶性汙垢，油溶性汙垢則需要界面活性劑的乳化過程才能洗滌。清潔劑洗滌臉上的汙垢、水分和油脂時，角質層內的天然保濕因子(natural moisturizing factor)會流失，為了讓肌膚恢復原狀而持續的原料化妝水稱為乳液(lotion)或乳霜(cream)。使用清潔乳霜或乳液之目的，除補充水分外，尚有調整肌膚酸鹼值的功能。

柔軟乳霜及乳液(emollient creams and lotions)中柔軟劑（水、油脂）有疏解燥熱及保護皮膚的作用。水是最佳的柔軟劑，油脂可控制水蒸發、潤滑角質層，羊毛脂及其衍生物是應用廣泛的柔軟劑，含天然保濕因子，如：尿素、戊糖、己糖胺、多胜肽、多元醇等，也含一些少用之原料，如胎盤素、維生素、蛋白質、黃瓜汁、水解蘆薈等。

　　潔乳霜的好處是容易清除與皮膚結合的油脂及色料且刺激性低。現代配方常添加柔軟劑，其與皮膚及毛孔的作用屬物理作用（吸附作用），非吸收作用（化學作用），使用後於皮膚留下輕且柔軟的薄膜，保護乾性皮膚。良好清潔乳霜所需之性質為，安定且外觀良好，塗在皮膚上易溶化或軟化、易塗抹、沒有油膩感，水蒸發剩下之乳霜也不黏稠。

　　清潔乳液(cleaning lotions)塗抹比乳霜均勻且薄層，故較經濟且受歡迎，但製造困難是其重要缺點，若黏度控制不當則乳液不穩定。清潔乳液的型態有二種，其一為w/o型乳液，其二為o/w型乳液，此配方較為穩定，可適當平衡油相。

　　常見乳霜有皮膚清潔乳霜（含胺基酸）、含無機粉末之清潔乳霜、按摩清潔乳霜（含粒狀物質）、皮膚調理的清潔乳霜、含多孔球狀物之清潔乳霜、含天然保濕因子之乳霜。

　　傳統清潔乳霜有：

1. **乳化型態**：此種型態較常見者如冷霜（含薔薇水、蜜蠟、油等）。

2. 半透明液化型態：不含水，包含油脂、蠟等。

冷霜(cold creams)是物理學家Galem博士發明，早期冷霜不安定且易敗壞，因此在杏仁油或礦物油中加入硼砂(borax)以增加產品安定性。

冷霜主要成分，油相和水相比2：1最好，以蜜蠟、硼砂當乳化劑(emulsifier)，礦物油當溶劑溶解油脂與塵垢。水為45%，若水大於45%則為o/w型，小於45%則為w/o。尚存有其他添加物如：鯨蠟、鯨醇、石蠟、油、凡士林、植物油及羊毛脂等。

清除臉部塵垢後，用在妝飾打扮的化妝品則有粉底霜、粉餅、腮紅及脣膏(lipsticks)等化妝品。脣膏常見成品，有護脣膏、珍珠脣膏等，其主要成分如表5-1所示。

表 5-1　脣膏(lipsticks)重要成分

成分	含量%	功用
Vegetable or Mineral oil or Wax	50	軟化劑
Lanolin（羊毛脂）	25	乳化劑
Carnuba（棕櫚蠟）or Beeswax（蜜蠟）	18	提高mp增加硬度
Dye	4~8	顏色
Perfume	少量	味道
Flavor（調味料）	少量	調味

5-2-3　護膚防曬成品

太陽輻射能以固定速率2×10^{25}erg/sec（耳格／秒）到達地球外層，但僅約7.15%穿過大氣層到達地面，其餘能量被吸收。其中紫外光區之波長290~315奈米(nm)對人體影響顯著，會造或皮膚紅斑現象，表5-2為紫外線指數曝曬時間對人體的影響。紫外線有三種射線，UVA、UVB和UVC。UVA，波長在330nm以上，傷害不大，易造成古銅色皮膚；UVB，波長介於285~330nm之間，會使皮膚灼傷；而UVC，波長則介於200~285nm之間，在大氣層中被臭氧(O_3)吸收，不會輻射到地球表面。

表 5-2　紫外線指數的最大容許曬黑及最小容許曬傷時間

曝曬程度 Exposure Categories	指數 Index Values	最大容許時間 Never Tans. (min)	最小容許時間 Rarely Bwn. (min)
小(minimal)	0~2	30	>120
低(low)	4	15	75

表 5-2　紫外線指數的最大容許曬黑及最小容許曬傷時間（續）

曝曬程度 Exposure Categories	指數 Index Values	最大容許時間 Never Tans. (min)	最小容許時間 Rarely Bwn. (min)
中(moderate)	6	10	50
高(high)	8	7.5	35
很高(very high)	10	6	30
極高(extreme)	15	4	20

　　成功紫外線吸收劑的條件，敘述如下：

1. 適當電子結構以在紅斑波長範圍建立最大吸收波長。

2. 阻抗化學和光化學變化。

3. 極少量被皮膚吸收，可完全溶解於化妝品基劑。

4. 不溶於水或汗，沒有毒性、刺激性或過敏性。

　　符合上述條件的護膚防曬成品(sunscreen products)，可分成兩類：

一、經由反射保護(protection by reflection)

　　在皮膚與太陽輻射能之間介入一個反射障礙，阻斷紫外線到達皮膚之表面，可以反射紫外輻射線。常用於防曬製品之礦物性顏料有ZnO、SiO_2、$Al(OH)_3$和$MgCO_3$等，商品化的產品如紫外線阻斷乳霜。

二、以吸收紫外線保護

　　於皮膚表面塗上一層可吸收太陽輻射能（波長290~320nm，能量90.4~99.4 Kcal/mol）之乳霜或乳液，此種有機物化學結構電子轉移所需之能量達90.4~99.4 Kcal/mol（紅斑範圍），則可成為有用的防曬劑，如trans-stilbene在295nm吸收很強。使用時有自可塑性(self-plasticizing)，其熔點相當低，在皮膚上溶化形成一層連續液膜，完全且均勻地覆蓋並保護皮膚，成品有紫外線吸收乳霜、紅斑藥(minimum erythenaldoes, MED)等。

　　在防曬產品中，防曬係數(Sun Protection Factor, SPF)是將防曬功能指數化的一個參考指標，防曬產品藉吸收、反射或折射，來達到減少UV進入皮膚的目的。SPF意指使用者在塗抹防曬產品後，在太陽光照射下，皮膚出現發紅現象所需的時間t_1，與不擦防曬產品時所需時間t_2，t_1/t_2的比值，即所謂的防曬係數SPF。若塗抹防曬產品，皮膚於180分鐘(t_1)後出現發紅現象，而不塗抹防曬產品，皮膚於30分鐘(t_2)後出現發紅現象，則此產品防曬係數為$SPF=t_1/t_2=180/30=6$。SPF所代表的不是防曬或保護皮膚的能

力，而是過濾紫外線的能力值，可參考表5-2做簡易運算。

　　總而言之，皮膚的美麗單純依賴化妝品是不夠的，充足的睡眠、適度的運動、每日蔬果五七九且不偏食、多喝牛奶，盡可能多攝取偏鹼性食物，來中和必需攝取之酸性食物（參考表5-3），如此相輔相成必可擁有冰肌玉膚。

表 5-3　某些食物的酸鹼性

酸鹼性	食　物
弱酸性	奶油、巧克力、雞蛋、火腿、章魚、鰻魚等
強酸性	米、麥、麵包、乳酪、豬肉、牛肉、鮪魚等
弱鹼性	豆腐、甘藍菜、菇類、牛蒡、櫻桃、蘋果等
強鹼性	牛奶、茶、番茄、蘿蔔、葡萄、海帶、芋頭等

5-3　界面活性劑的清潔原理

　　俗語說「小兵立大功」，如同界面活性劑 (surfactant) 的功能在生活中多樣化，隨處可見。界面活性劑是一種溶於溶劑中的物質，此物質易受溶劑表面吸附，而降低了溶劑的表面張力，使其產生較容易混合的界面，加速洗滌功能。界面活性劑同時具有兩種官能基，一為極性之水溶性官能基，此種官能基稱

親水基(hydrophilic group)；另一具有非極性之油溶性官能基，此種官能基稱親油基或疏水基(lipophilic group)。因為界面活性劑具有親水基與親油基，故可同時與兩互不相溶之溶劑互溶，形成微胞(micell)，如下圖1所示。當分子的親油基聚集在油汙表面，繼而浸入油分子中包圍油汙，脫離纖維分散乳化而形成一個圓球狀，此圓球稱為微胞，而親水基則朝向水的一端，經由水的沖洗即可達到去汙清潔效果。

　　界面活性劑依據官能基的不同，可分成四種類型，茲說明如下：

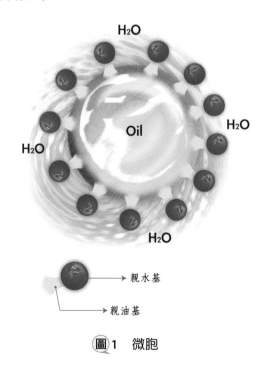

圖1　微胞

1. 陰離子界面活性劑(anionic surfactant)

　　親水性官能基在水中能解離產生陰離子，常見的陰離子界面活性劑，如肥皂、合成清潔劑等。

2. 陽離子界面活性劑(cationic surfactant)

　　親水性官能基在水中以陽離子形式存在，具殺菌消毒作用，如氯化烷基吡啶（一種消毒劑）等。

3. 非離子性界面活性劑(nonionic surfactant)

　　親水性官能基在水中並不解離，界面活性劑分子中含多個醚基、羥基或胺基，有w/o型（即水／油相型）和o/w型（即油／水相型），如洗面乳、洗髮精等。

4. 兩性離子界面活性劑(zwitterionic surfactant)

　　同時兼具陰、陽離子界面活性劑之物質，稱兩性離子界面活性劑，具殺菌能力，如蔬菜之消毒劑等。

　　科技的發達與學術研究的進步，使得界面活性劑的種類越來越多，內容也越來越豐富，去汙效果越來越好，真可謂小兵立大功。

5-4 化妝產品與工具介紹

學好使用化妝品的第一步是熟悉化妝產品,並熟練化妝工具的用法。

產品基礎保養區分為油性、乾燥與中性肌膚三種。油性肌膚,皮脂分泌旺盛,毛孔較為粗大,角質層也較厚實,因此,須選擇較能深入毛孔的深層潔淨化妝品;乾燥肌膚,在清洗完畢之後易乾乾癢癢的,須加強水分和皮脂的天然保護,因此滋潤的保養品能增加角質層的含水量,維持肌膚健康、柔嫩和彈性;中性肌膚,毛孔細嫩,膚質最健康,因此選擇溫和不刺激的清潔配方,來維持肌膚的天然保護膜最為適當。

以下簡述常用的化妝工具與卸妝道具,其合適之使用方式:

1. 海綿:將粉底均勻地在肌膚上展開,吸取過多的粉底和修正細部。
2. 粉撲:良好材質,具彈性、吸油效果佳,對肌膚負擔小。
3. 刷子:使用在大範圍的抹勻或清除,因此應選擇柔軟材質,且保持清潔。

4. 小棉棒與小刷子：適用於眼瞼化妝，小道具易沾粉，有適度彈性。

5. 睫毛夾、眉梳和眉刷：拱形部分應和自己眼瞼幅度相契合，橡膠部分最好採用矽膠材質。

6. 面紙、脣筆刷：毛尖形，注意凝聚力的強度。

7. 化妝綿和綿棒：考慮其對肌膚的觸感。

　　了解化妝品的使用，慎選化妝品，適時使用化妝品不僅是一種禮儀，且可兼顧保養護膚功效，使攬鏡自照時玉肌再現，氣質優雅怡然自得。有句俗話說道：「天底下沒有醜人，只有懶人。」知識讓人更有魅力，學會保養自己也是一種很重要的知識。愛，讓人變得更積極、勇敢，保養護膚、樂在其中且展現個人的十足魅力，肌膚細胞的再生將使皮膚更有光澤與活力。

小兵立大功的界面活性劑－心得

（亦可選擇其他適合的教學影帶參考資料）

任課教授：

組別：　　　科系：　　　學號：　　　姓名：　　　得分：

心得：

參考文獻

1. http://tw.trustme.yahoo.com/title/prettify/22.html.

2. 鄭慧文(1996)，現代美容，92。

3. http://tw.trustme.yahoo.com/title/prettify/47.html.

4. http://tw.trustme.yahoo.com/title/prettify/11.html.

5. 王來好譯（民84），化妝品分析，臺北：高立。

6. M.D Joesten and J.L. Wood(1996), World of Chemitry, znd.ed.USA（臺北：歐亞）。

選擇題

1. 人類頭髮的主要成分是　(A)甘胺酸　(B)脯胺酸　(C)半胱胺酸　(D)羥脯胺酸。

2. 膠原蛋白主要由下列何者製備而得？　(A)豬軟骨及豬真皮　(B)羊軟骨及羊真皮　(C)鹿軟骨及鹿真皮　(D)牛軟骨及牛真皮。

3. 打胎盤素應找誠實可靠的商家，否則易產生安全性的問題，試問此等問題，下列何者最不可能？　(A)感染肝炎　(B)感染愛滋病　(C)感染狂牛症　(D)感染肺炎。

4. 下列有關化妝品中常用的保養品，何者敘述不正確？(A)選購果酸時應由低濃度開始　(B)化學品添加果酸，可調整成鹼性物質　(C)使用果酸可去除皮膚外層老化結構　(D)果酸具有化學換膚功能。

5. 關於界面活性劑的敘述，下列何者錯誤？　(A)界面活性劑皆含有兩種官能基，即陰陽離子官能基　(B)微胞皆可用水沖洗乾淨　(C)鞋跟的黏著劑是一種界面活性劑　(D)AB膠是一種界面活性劑。

6. 洗頭應選用何種界面活性劑？ (A)兩性離子界面活性劑
   (B)非離子性界面活性劑 (C)陽離子界面活性劑 (D)陰離
   子界面活性劑。

7. 洗蔬果應選用何種界面活性劑？ (A)兩性離子界面活性
   劑 (B)非離子性界面活性劑 (C)陽離子界面活性劑 (D)
   陰離子界面活性劑。

8. 清潔消毒應選用何種界面活性劑？ (A)兩性離子界面活
   性劑 (B)非離子性界面活性劑 (C)陽離子界面活性劑
   (D)陰離子界面活性劑。

9. 洗碗筷應選用何種界面活性劑？ (A)兩性離子界面活性
   劑 (B)非離子性界面活性劑 (C)陽離子界面活性劑 (D)
   陰離子界面活性劑。

10. 若沒有塗防曬劑的曬紅時間為15分鐘，塗了SPF10防曬
    劑的曬紅時間應為 (A)75 (B)150 (C)225 (D)300
    分鐘。

11. 紫外線吸收乳霜最主要能吸收太陽能中的何段波長？
    (A)290~320nm (B)320~400nm (C)200~290nm
    (D)200~100nm。

12. 皮膚的pH值約 (A)3.0 (B)4.0 (C)5.0 (D)6.0。

13. 下列何者屬鹼性食物？ (A)雞腿 (B)麵包 (C)章魚 (D)芋頭。

14. 界面活性劑同時具有親水基與親油基，故可同時與兩互不相溶之溶劑互溶，而形成下列何者？ (A)turcell (B)subcell (C)cell (D)micell。

15. 下列何項AHA濃度屬於保養用商品濃度？ (A)10％以下 (B)10~20％ (C)20~30％ (D)30~40％。

16. 皮膚科醫師常用的化學皮是 (A)三氯乙酸 (B)甘油 (C)柳酸 (D)阿斯匹靈。

17. 最容易產生皮膚皺紋的年齡層應是下列何項？ (A)65~70 (B)50~60 (C)40~50 (D)20~40。

18. 人體皮膚皺紋的產生與下列何者無關？ (A)老化 (B)環境太乾燥 (C)不當的拉扯 (D)吃機能食品。

19. 下列有關化妝品、食品與藥品之敘述何者正確？ (A)化妝品只是簡單的改善外表，不需要相關單位認可 (B)藥品可改變身體功能、治療疾病，需衛生單位認可 (C)食品需由食品管理法規範，不能任意誇大其效果 (D)以上皆是。

20. 下列何者屬酸性食物？ (A)雞腿 (B)豆腐 (C)蘋果 (D)牛奶。

21. 下列何者非日常生活中常見的保養品？ (A)果酸 (B)膠原蛋白 (C)抗生素 (D)胎盤素。

22. 下列何者非人體肌膚保養的特性？ (A)油性 (B)酸性 (C)中性 (D)乾燥。

23. 下列何者無法反射紫外線？ (A)ZnO (B)SiO_2 (C)O_3 (D)$MgCO_3$。

24. 下列何種年齡層膠原蛋白還會繼續增加？ (A)<20 (B)30~40 (C)40~50 (D)60~70。

25. 下列何種紫外線指數的最大容許曬黑時間最持久？ (A)4 (B)6 (C)8 (D)10。

問答題

1. 化妝品與藥物(drugers)如何區分呢？

2. 選擇化妝品應注意哪些要點？

3. 簡述皮膚對人體的功用？

4. 敘述膠原蛋白、果酸(AHA)和胎盤素對皮膚保養之功用及其注意事項？

5. 簡述紫外線的種類？

6. 成功紫外線吸收劑之條件為何？

7. 簡述防曬產品的分類？

8. 何謂界面活性劑？依官能基不同可分成哪些類型？

CHAPTER
06

科技與材料

科技的發展需藉材料的開發作為基石，材料一直
與人類的發展息息相關，人類的生活演進，除了思想觀
念外，物質的發明扮演著相當重要的角色。從遠古的石
器時代至近代，人類所使用的材料種類越來越多，且性能
也越來越好，乃由於材料的進步主導人類科技文明的發展。
食衣住行育樂等日常生活中，許許多多實用且生活化的便利產品皆
與材料密不可分，應用範疇包羅萬象，舉凡日常生活到航太科技、
生醫科技、光電科技及光學工業、汽車及造船工業、通訊技術及五
金機械等方面，無所不包，這完全歸功於科技材料進步的成果，也
唯有不斷地開發新的材料產品，方能滿足現代尖端科技的要求。近
年來諸多多功能材料不斷問世，因而加速了工商業的進步與發展，
也提升人類生活的品質。

Technology and Materials

6-1　材料概論

　　隨著科技的日新月異，人們對材料性能的要求也日益增加，使得材料世界越來越多采多姿，常見的材料可分成金屬材料、高分子材料、陶瓷材料、複合材料、電子材料及通訊材料等六大類。茲依序敘述如下：

6-1-1　金屬材料

　　金屬材料(metallic material)通常指工業上各種物質製造時所使用之金屬或合金。使用之金屬或合金大多具有金屬的特性，諸如導電性、導熱性、金屬光澤和延展性等。金屬材料有時也包含一些非金屬元素的無機材料。多種金屬元素結合或金屬元素與非金屬元素結合的金屬材料稱為合金，如鐵與碳所形成的合金稱為碳鋼；銅與錫的合金稱為青銅；銅與鋅的合金稱為黃銅；銅與鎳的合金稱為白銅；而鐵鍍鋅形成白鐵（鍍鋅鐵）；鐵鍍錫形成馬口鐵（鍍錫鐵）。

　　金屬材料依使用金屬的不同，大致可分為兩大類：第一類是以金屬鐵(Fe)為主的金屬材料，並含有其他元素的合金，鐵元素所占的比率較高，如鋼、不鏽鋼；第二類為非鐵金屬的金屬材料，如銅(Cu)、鋁(Al)、鎳(Ni)、鈦(Ti)等。

　　不鏽鋼是由鐵、鉻、碳及其他不同元素所組成的合金，不鏽鋼種類繁多，其之所以廣泛應用在日常生活中而不墜，乃因其具備許多日常生活所需之優點，如衛生、美觀、耐久性、防震、耐高溫及耐腐蝕性、良好的加工性、良好的機械性、環保產品等。不鏽鋼產品由於不易生鏽，使用年限長，對地球資源的節省上助益頗大，且為綠色產品，因而廣泛使用於日常生活中，如餐具、廚具、門、窗、機械零件、水塔、室內裝潢、3C產業中的通訊(Communication)、電腦(Computer)與消費性電子產品(Consumer electronics)、醫療及航太材料等，皆普遍呈現於我們的生活周遭。

　　金屬材料是人類開發較早，也是最為普及的材料，面對新世紀的挑戰，優質化且安全舒適的發展趨勢在所難免，因此高清淨化的合金發展，儼然成為金

屬材料中重要的一環。所謂「高清淨化合金」乃指合金在特定的設計及製造過程中，其內部缺陷的控制或抑制以達特定的低限值，進而使合金具有優異的機械、化學或物理性能，此等高清淨化的合金可應用在電腦螢幕網罩、生醫材料的人工關節及醫療器材（高清淨的鈦基和鈷基合金），其他如飛機引擎零組件、特殊切削工具、機械用高負荷軸承等等，無一不是高清淨化的合金。由此可知，高科技、高附加價值產品的發展趨勢已是時代潮流所趨，當材料內部組織越清淨，性能越佳，人們的生活品質也因而更為提升，使生活得以邁入更舒適的階段。

6-1-2　高分子材料

　　產業升級拓展了高分子材料(polymeric material)的應用空間，如日常所熟知的塑膠材料、橡膠材料等高分子產品及其衍生產品。高分子材料亦稱為聚合物材料，其化學組成是由碳氫和其他非金屬元素為基礎而組成的高分子化合物，此類材料通常具有非常大的分子結構、低密度、性能柔軟等特性，高分子材料中比較重要的兩種材料分別為塑膠材料與彈膠體材料。彈膠體材料即為橡膠材料，可用來製作汽車輪胎、保齡球等；塑膠為聚合反應所合成的

鏈狀物質。兩製程中由許多被稱為單體(monomer)的
小分子以產生共價鍵的方式相結合，形成相當長的
長鏈分子，此稱為聚合物或高分子化合物。

　　塑膠主要成分是樹脂(resin)，
次要成分有填充料(filler)、可塑劑
(plasticizer)、安定劑(stablizer)、
溶劑(solvent)、固化劑(fixer)、著
色劑(colorant)、潤滑劑(lubricant)
等。塑膠在結構上一般可分為熱塑

性(theromplastic)及熱固性(theromsetting)高分子化合
物。熱塑性高分子化合物，如：聚乙烯
(polyethylene)、聚丙烯(polypropylene)、聚氯乙烯
(polyvinylchloride)、聚苯乙烯(polystyrene)、聚醯胺
（polyamide，尼龍(nylon)）、聚四氟乙烯
（polytetrafluoroethylene，鐵氟龍(teflon)）等等，
產品如右圖。其化學特性是：

1. 少架橋（cross-linking，是鏈結一個聚合體和另一
   個聚合物的鍵，有的稱為交叉鏈結）。

2. 加熱後立即軟化。

3. 可雕塑成不同形狀物質。

4. 無延伸支鏈。

　　而熱固性高分子化合物，見下圖，常見的有酚甲醛樹脂(phenolformaldehyde resin)、尿醛樹脂(ureaformaldehyde resin)、環氧樹脂(epoxy resin)、聚胺基甲酸酯(polyurethane)等等，其化學特性：

1. 有許多架橋(cross-linking)。
2. 加熱後立即硬化。
3. 不易產生形變。
4. 加熱後架橋的鏈會分裂。
5. 溶解前可燃燒等特性。

　　以上常見熱塑性塑膠和熱固性塑膠的性質與用途，將分別列述於表6-1和表6-2中。

表 6-1　常見熱塑性塑膠的性質與用途

名稱	性質	用途
聚乙烯(PE)	柔軟、透明、伸張高、熱變形的溫度低、耐寒性、抗化學性均佳。	包裝袋、玩具、塑膠瓶、電線包覆、人造草皮、塑膠管、水桶等。
聚丙烯(PP)	透明、密度低、耐熱、強度佳、抗化學性、電絕緣性佳，但不易加工。	包裝袋、抽絲、編織袋、籃球、塑膠瓶、玩具、吸管等。
聚氯乙烯(PVC)	機械強度佳、抗化學性、耐燃。	塑膠管、塑膠皮、塑膠布、塑膠板、玩具、家具、人造皮、洋娃娃、鞋類、浴簾等。
聚苯乙烯(PS)	透明、硬但易碎、加工容易。	玩具、文具、燈罩、發泡板、收音機外殼、塑膠杯等。

表 6-1　常見熱塑性塑膠的性質與用途（續）

名稱	性質	用途
聚醯胺（尼龍）(PA)	抗張強度、韌性、耐磨性極佳、難燃性、抗化學性佳、易潮濕。	抽絲、漁網、齒輪、軸承、電器、零件、鞋底、鞋跟、牙刷刷毛等。
聚四氟乙烯（鐵氟龍）(PTFE)	耐衝擊性佳、耐摩擦、耐熱、防水、耐化學性、電絕緣性佳。	軸承、電線、絕緣、防蝕、襯墊材料、膠帶等。

表 6-2　常見的熱固性塑膠性質與用途

名稱	性質	用途
酚醛樹脂(PF)	色略黃、質硬、電傳性低、抗化學性佳。	電器零件、器具把手、電視、電話外殼、齒輪等。
尿醛樹脂(UF)	色白、質硬、折曲強度佳、電絕緣性佳、耐磨。	桌面材料、碗盤、筷子、電器、裝飾品及照明材料等。
環氧樹脂(EP)	耐溫、耐候性佳、耐化學性及絕緣性佳。	高級塗料、接著劑、高強度材料及零件等。
聚胺基甲酸脂(PU)	耐撕性、耐磨性、耐化學性及電絕緣性佳。	泡棉、人造皮、鞋底、塗覆材料、坐墊、玩具等。

　　塑膠廣泛應用在日常生活中，乃因其製造容易，且具備防水、質輕、絕緣、耐壓、耐熱、顏色調配容易等特性而廣受大眾喜愛。應用的領域除日常生活包裝、用具、器皿外，也應用在工業方面，如機械配件、黏著劑、電路模板、安全玻璃；醫學方面，如假牙、人工關節、義肢、人工心臟瓣膜和病房的浴室；科學方面，如實驗器材、原子模型、

儀器外殼；建築方面，如泡沫塑膠用於隔熱、強化聚酯塑膠美觀建材等。塑膠產品雖有其方便性與多樣性，但使用期限及方式應特別注意，才不至於因錯誤使用，而產生對人體造成慢毒性傷害的環境荷爾蒙。

6-1-3　陶瓷材料

陶瓷材料(ceramic material)為金屬元素與非金屬元素之間的無機化合物，其組成的結合鍵結是共價鍵、離子鍵及其混成鍵結。陶瓷材料在工程應用上，大致可分為兩種類型：一為傳統陶瓷，另一為工程陶瓷，工程陶瓷是一種新型陶瓷材料。

傳統陶瓷的基本原料有黏土、石英和長石三種。黏土是一種細顆粒的含水鋁硅酸鹽，與水混合時產生可塑性，具柔軟性、潤滑性、易於劈裂、有結晶狀的電中心層狀結構。石英為酸性氧化物，在陶瓷中的作用主要是提供胚體耐熔的骨架，且提高陶瓷的機械性與半透明度，是無機非金屬材料中相當重要的一環。長石主要有鉀長石、鈣長石和鈉長石，其主要用途是擔任助熔劑，燒前降低可塑性、縮短乾燥時間與減少胚體收縮，燒成時可降低製品的燒成溫度並促進形成玻璃相。

陶瓷可製成各種日用品、工藝品與裝飾品等生活相關用品，建築業所用的磚、瓦和電子工業中的電子陶瓷，皆是傳統陶瓷的代表例子。傳統陶瓷材料如黏土、氧化鋁及高嶺土成本低，製作過程相當慢且延展性低，容易遭受衝擊而損壞。工程陶瓷的原料則為純淨或幾近純淨的化合物，如氧化鋁(Al_2O_3)、碳化矽(SiC)和氮化矽(Si_3N_4)，通常作為工業用耐火材料。工程陶瓷有功能陶瓷（具有熱、電、聲、光、磁、氣等功能相互轉換特性的功能）、生物陶瓷（運用在人體或動物肌體具特殊生理功能）與結構陶瓷（應用在能承受荷重、耐腐蝕、耐高溫與耐磨損的陶瓷材料）。

6-1-4　複合材料

藉組合兩種或多種不同的材料，形成一種在某方面具有比單一組成材料更好或更重要性質的新功能材料，由微尺寸到巨觀尺寸間之組成物所構成之材料，稱為複合材料(composite material)，如合金、高分子材料、普通碳鋼、玻璃纖維強化塑膠等。纖維強化塑膠為產業界最常使用的複合材料，強化塑膠材料的纖維主要有三類：

玻璃纖維(fiber-reinforced plastic, FRP)、醯胺纖維(polyamide fibre, Nylon, PA)及碳纖維(Carbon fiber)，其中玻璃纖維是使用最廣泛，也是最經濟的強化纖維，應用在運動器具、印刷電路板、汽車外殼等；醯胺纖維是一種合成纖維，耐熱與耐強力，應用在襪子、內衣、運動衫、雨衣、漁網、纜繩、防彈背心、自行車輪胎等；而碳纖維較昂貴，其高硬度、高強度、高耐化學性、耐高溫、質量輕和低熱膨脹係數的特性，使其可多方應用在賽車、飛機、土木與體育運動競技器材等用途。

6-1-5 電子材料

用於電子方面特別視微的材料稱為電子材料(electronic material)，如矽(Si)、鎵(Ga)、鍺(Ge)等，電子材料是所有電子元件的基礎，新的技術發展出新的元件，如半導體元件、積體電路等，電子材料顯然在現在及未來都是一個相當重要的材料。

半導體(semiconductor)是導電性介於金屬與絕緣體之間的材料，一般是由IVA族元素組成，如矽(Si)、鍺(Ge)等，為了增加導電度，通常會在此族中添加IIIA族元素，如硼(B)、鎵(Ga)等元素，而成為p-型半導體；若加入的是VA族元素，如氮(N)、砷

(As)等元素，則形成n-型半導
體。半導體元件的性質取決於n
型和p型半導體間界面之性質，
常見有pn型、pnp型、npn型
等，pn型可用在家電的整流，
pnp、npn型則用於電流放大
等。右圖為一半導體元件成品。

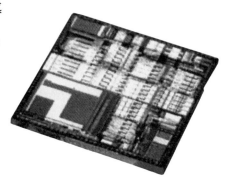

政府在2001年時曾推動的「兩兆雙星」計畫，
希望至2006年，臺灣在「半導體產業」和「面板產
業」的市值都能各自達到一兆元。由此可見臺灣在
半導體產業有其優異的成就。也因而國外大廠紛紛
找我國廠商合作，以優異的半導體基礎，發展AI人
工智慧。

6-2 科技與奈米材料

奈米科技、人工智慧和基因工程合稱21世紀的
科技的三劍客，其中奈米科技是21世紀前後許多國
家積極開拓的領域。當物質小到奈米(1nm=10⁻⁹m)尺
寸時會產生新的特性，包括量子效應及表面效應。
例如，在常態下具高度惰性的黃金，在形成奈米級

顆粒時活性變大，可作為化學反應的觸媒，也可放在載體中用做具精準作用的生化追蹤劑或醫療藥物，以上這些特性有別於大塊材的黃金（奈米金又稱膠態金，帶有強烈的紅色）。

奈米材料(nanomaterials)將是產業升級的催化劑與觸媒。美國目前在奈米結構與自組裝技術、奈米粉體、奈米管、奈米電子元件及奈米生物技術上有顯著發展；德國則在奈米材料、奈米量測及奈米薄膜技術具優勢；日本在奈米電子元件、無機奈米材料領域上均已具優勢。我國經濟部將選定奈米材料、奈米電子、奈米機械及奈米生技等四大應用發展領域，以現有的高科技產業，如積體電路、顯示器、資訊儲存、通訊、電子構裝、能源等，或是基礎產業，如人纖、塑膠、染料、建材、造紙及金屬製品等為基礎，再結合新興的醫療及生技產業，使國內產業全面導入奈米技術提升產業競爭力。

何謂奈米？奈米是衡量尺寸大小的單位，奈米與食物沒有任何關聯，也非新發現的東西。一奈米是一公尺的十億分之一，到底有多小呢？舉例來說，人髮的直徑大約是八萬奈米。以一公尺高的小孩為標準，逐步縮小尺度，在奈米尺度下，可以觀察到這個小孩的DNA分子結構；若把臺灣縮成奈米

尺度，約是一顆鹽巴的大小；一奈米約2~3個金屬原子排列在一起的寬度。

各具優勢的材料大廠，皆以0.13微米作為高階製程的指標，但0.13微米只是130奈米而已，與奈米尺寸還差一大截，仍稱不上奈米層級。因此，國內半導體在製程上越做越窄，其實就是往奈米發展，目的在突破半導體的製程極限。奈米級結構材料(nanocrystalline materials)簡稱奈米材料，一般指其晶體大小介於1~100nm範圍之間，主要特性有：

1. 由於其尺寸接近光波長，加上具有大表面積的特殊效應，因此所表現出的特性往往不同於塊材材料(bulk material)之性質，如磁性、光學、熱傳、擴散及機械性等。

2. 奈米材料的晶相或非晶質排列結構，與一般同材料在大塊材中之結構不同。

3. 可使原本無法混合的金屬或聚合物混合而成合金。

6-2-1　自然界中的奈米結構產物

蜜蜂身體內存在一種磁性的奈米粒子，這個粒子具有羅盤的功能，成為蜜蜂飛行時的衛星導航系統，不致迷失方向。蓮花出淤泥而不染，其奧祕就

在荷葉上具備精巧的奈米結構，以致於汙泥及水珠，只能在荷葉表面上滾動，不會沾附在荷葉上。中國古代中的鑄劍大師，可能已創造了奈米晶體的結構，使得凡鐵鑄成寶劍不鏽蝕，又能削劍如泥。自然界除了上述例子，尚有大美藍蝶、珠光鳳蝶、孔雀、海中蠕蟲、金龜子和吉丁蟲，這些美麗鮮豔的翅膀顏色，也都是奈米結構反射特定波長的結果。

早在四十年前美國諾貝爾獎得主發現了原子、分子可作為材料後，便為這項技術開啟了新的世界。實際應用卻是在1980~1990年代之間的事。由於半導體分工越來越細，美日半導體業界正競相開發一百奈米的設計技術，可預見數年後將逼近原子尺度的元件。當物質接近奈米尺度時，不僅尺寸大幅微小化，其物理與化學特性也和巨觀特性有很大的差異，許多從前無法解決的難題將一一消失，如合金的問題等，取而代之的是全新課題。

6-2-2　奈米應用商品化

奈米技術並不單只應用於半導體，還可廣泛用於觸媒化學、生物科技、醫療、分子工學、粉體材料、環境、能源等，奈米又對我們日常生活帶來哪

些好處？「鯊魚膚」具有精確定義表面粗糙的塑膠薄膜，塗在飛機表面上，即可減少流體阻力，使燃料消耗降低大約3%；蓮花出淤泥而不染的效應，使擦洗窗戶和牆壁成為歷史——奈米玻璃的問世，將使許多人受惠，如愛車族、家庭主婦，不用為玻璃的刷洗所苦，但同時清洗玻璃帷幕的工人，將受到嚴重的衝擊，因為雨水即可沖刷汙垢。例如德國有名的清潔公司推出室外防塵粉刷漆料，雨水一來就清潔溜溜，粉體材料奈米化，使牆壁會呼吸，形成另一座森林般，可淨化空氣。

用於汽車窗戶玻璃的化學材料「聚碳酸酯」，由於其表面易受到刮痕，已成為汽車業者的困擾，而透過一種高科技噴塗技術，可使聚碳酸酯表面獲得像玻璃般的高耐刮強度，這項新技術就是以化學奈米為基礎開發出來的。除了一般日常應用外，奈米科技在醫藥及生技上應用也將起革命性的變化。發展微機電的送藥膠囊，將藥劑微小化放進人體中，可控制釋藥量與時間，對長期且固定服藥的患者來說，可達到按時服藥，又不易忘記的好處，並結合奈米化AI機器人，對人類生活將產生另一衝擊與商機。感測器則可利用微機電方式將內視鏡微小化，且製做成膠囊型，直接服用即可達到偵測體內

血管、腸胃的效果，還可能偵測到大腦、心臟等更細微的器官組織，癌細胞出現也可被偵測出來。

奈米材料在全球各研究領域上均被視為前瞻性材料，在聲、光、電、磁與熱等領域裡，均具有重大的潛在研究與應用光景。從大到自然界的景觀、小到電晶體等元件皆與奈米科技有關聯，我們可預期奈米科技在21世紀將有巨大的發展與創舉。

6-3 人工智慧材料的需求層面

人工智慧(Artifical Intelligence, AI)與自然智慧是不同的，其最大的差異，在於自然智慧是自然界人類擁有的智慧；而人工智慧是運用生物（人類與動物）的自然智慧，創造出來的智慧，實現於電腦（機器人）上。人類擁有的自然智慧非常多，舉凡感知(perception)、學習(learning)、記憶(memory)、知識(knowledge)、語義(meaning)、推理(reasoning)、語言(language)及思維(thinking)等能力。如何將人類的能力，運用學習，有效的轉化並實現在電腦上，這是AI未來發展的重要課題。因

此，透過深度學習與演算法的精進，可以逐步將人
類的智慧再現於電腦（機器人）上，讓機器也能和
人類一樣聰明，甚至超越人類。

　　早期的人工智慧，屬於弱人工智慧(weak AI)，
肇因於每一種AI只能解決某種專門問題，如語音助
理、智慧客服、圖像處理、車載系統和餐服機器人
等，這些機器人都只能處理單一的專門問題，無法
像人類具有統整能力。因此就算集結每個機器人的
小智慧，也不會成為整體智慧的機器人，對生活應
用的創新突破有限。

　　然而，多功能的強人工智慧(strong AI)，將是AI
具開發潛能的重要原因，也是未來人工智慧發展的
新趨勢。西元1943年，科學家沃倫‧麥卡洛克和沃
爾特‧皮茨創造了一種神經網路的計算模型，發現
神經元所形成的數學模型化，應用在人工智慧，類
神經網路（即人工神經網路(Artificial Neural
Network, ANN)，簡稱神經網路(Neural Network,
NN)），擁有學習功能，即深度學習(Deep
Learning)。無論使用符號思考的AI或是使用類神經
網路思考的AI，皆具學習功能。學習需要大量的智
慧，因此大數據變得越來越重要，數據多可提升AI

機器人的判斷精準度——大數據的蒐集，有助於未來AI的應用，如人臉辨識系統、智慧城市與自駕車上路等。哲學家亞里斯多德說：「人是社會性的動物」。透過對話相互討論、理解與批判，增進學習並提升智慧，建構AI機器人的社會智慧。相信AI機器人處於這個社會智慧的時代，將很快達到奇點(singularity)，並呈現在人類的面前。

6-3-1　人工智慧的發展歷史

人工智慧的歷史熱潮，依發展過程時間先後，大致分成三個時期，即黎明期、低潮期與發展期，茲分述如下：

黎明期，從1950~1970年，是AI發展的第一波浪潮，1950年Alan M.Turing（圖靈）提出一個名為Imitation Game（模仿遊戲）的測試試驗，其目的是用來測試機器是否能呈現出與人類相同智慧的能力，此遊戲一開始讓人類與AI互動，來判斷是人類或是AI。實驗過程，是讓一位測試員透過遠端終端機設備，在看不見的房間異端與一部機器人和一位真正人類進行交談後，以文字測試對方與人類的差異，測試員最後判斷與其交談的是機器人或是人類，此種測試稱為Turing Test（圖靈測試），因而開

啟了AI研究的新旅程，Turing也因此被尊稱為「人工智慧之父」。1956年John McCarthy、Marvin L.Minsky、Claudes Shannon和Nathaniel Rochester於Dartmouth學院舉行Dartmouth Conference（達特茅斯會議），會中提出人工智慧今後可以模擬所有人類智慧的宣告，AI於此是正式誕生了。而後大量的研究經費陸續投入，計算機應用在代數的問題解決、英語的學習與使用、幾何定理的證明與聊天機器人ELIZA的出現等，豐碩了研究成果，大家對AI充滿信心，達特茅斯會議後的15年間，可說是AI的黃金年代。

低潮期，從1970~1993年，是AI發展的第二波浪潮。1970年後，AI遭遇到許多瓶頸，研究員發現，由於數據量的缺乏，使得AI對許多項目的精準度評估失準，因而認為人工智慧不具思考能力，使得各國政府大量削減AI預算，這是AI的第一次低潮。1980年後，研究員將AI轉向專家系統(Expert System)的發展，朝向能對話、能翻譯、能辨識圖像、能推理的機器，日本投入大量經費刺激美、英等國響應，讓AI再登榮景。1987年後，因演算法效能不佳、產品競爭與專家系統維護成本昂貴，實用性成效欠佳，使得AI進入第二次低潮期。

發展期，從1993年到現在，是AI發展的第三波浪潮，歷經上述兩次的低潮期，之後的發展被稱為第三波AI崛起。在此波浪潮中，深度神經網路、GPU（Graphics Processing Unit，圖像處理器，俗稱顯示卡）運算、物聯網的裝置興起，以及大數據的開放與分享，使得以機器學習為重心的AI技術，在語音、影像辨識與自駕車方面，皆有重大的突破，此波AI浪潮正席捲全球。機器學習的目的，乃在於設計出讓機器能擁有像人類般學習的能力。大數據是指資料量龐大(Volume)、變化飛快(Velocity)、種類繁雜(Variety)與真偽存疑(Veracity)的資料稱之。結合機器學習，從大量數據的獲取，進而分析數據，機器建立模型，可進行諸多預測，機器學習在人類語言的理解、圖像辨識、自動生成照片與自駕車皆有重大突破，樹立未來AI的新里程。

6-3-2　人工智慧的生活應用

科技始終來自人性，結合人文科學的科技，才能激發人類的想像力，產生新洞見。而通識教育是在培養全人素養與思維的博雅教育。因此，科技的發展需結合通識教育，才能激發出更多的創意，科技產品也將更符合人性。而人工智慧的應用，以通

識的全人素養為根基，將發展出許多更符合道德與人性的科技產品。

　　AI機器人的出現，應用在教學上，陪伴學生學習，使得例行性的課業複習，越來越重要了。結合程式設計，應用3D動畫融入學習課程中，建構有趣的與有溫度的學習型機器人，對學生而言將是一大福音。例如學校老師授課後產生的新概念，學生對此新概念，若有不清晰的地方，結合AI機器人做反覆的練習、諮詢與思索，將可扭轉其迷思或錯誤的概念，而使新概念更深化，達成強化學習的功能性，這是機器人在陪伴學習的教育應用。有了陪伴學習的機器人，將可打破學習的時空限制，增進學習的動機，提升學習成效。

　　結合演算法並給予大數據的圖片資料，AI機器人經深度學習後，結合GAN（Generative Adversarial Network，生成對抗網路）技術生成影像，產生許多幾可亂真的照片，也能建立人臉辨識系統，此辨識系統準確率達99~100%。影像處理可應用在電腦的開機、門禁系統的管控、金融消費支付、影像分類、服裝設計開發、室內設計、自駕車引導、太陽能車的車款設計、美姿美儀的教學訓練與醫療診斷

等方面，影像辨識亦可應用在汽車流量、工廠貨物運送與X光片確認等。因此GAN技術將為新世紀帶來無比的新商機。

在自然語言的處理方面，早期面臨許多障礙，但隨著演算法與深度學習的進步，應用對話樹，對話生成，讓電腦了解人類的文字，透過語素分析，進行詞性分解，讓機器人了解所說語言的語法與語意。因此，AI機器人結合自然語言的處理，可應用在文書分類、自動摘要與機械翻譯等。多國語言翻譯機的出現，可應用在隨身旅行的翻譯，讓溝通無障礙；應用在國際商業貿易的對話，老闆不用再帶著祕書進行翻譯，減少人力與財力的支付；應用在語言的學習，增進學習成效；應用在詩詞的生成，可做詩詞學習訓練。

在語音的處理方面，隨著演算法與深度神經網路學習的進步，從語料庫中抽出知識，讓知識形成巨大資料庫，使用於對話，讓AI機器人具備知識，將給定的聲音拆解成音速(phoneme)，推測出對應的詞彙，進行語音應用，如語音辨識、語音合成、音質轉換與音樂生成等。再則，聊天AI機器人的產生，將陪伴人們聊天，引導適性的心靈溝通。

　　AI的新時代來臨，在此波浪潮下，我們應該學習如何與新技術共存，運用新技術應用在生活領域中，協助我們解決問題。如全球暖化的問題、傳染病的傳播問題、糧食問題、水資源的問題與能源問題等，此問題將是未來人類即將面臨的大困境。21世紀是知識革命的時代，結合AI、物聯網、AIoT（智慧物聯）、5G（5th generation mobile networks或5th generation wireless systems，第五代行動通訊技術）、大數據、AR（Augmented Reality，擴增實境）、VR（Virtual Reality，虛擬實境）、奈米科技、基因工程與本地既有的半導體技術，相信AI將會再度崛起，對人類生活產生實質的新貢獻。

6-4　材料科學與生活
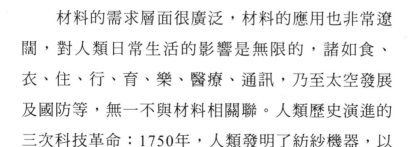

　　材料的需求層面很廣泛，材料的應用也非常遼闊，對人類日常生活的影響是無限的，諸如食、衣、住、行、育、樂、醫療、通訊，乃至太空發展及國防等，無一不與材料相關聯。人類歷史演進的三次科技革命：1750年，人類發明了紡紗機器，以機器代替手工，剛開始雖有許多人失業，但後來也

漸漸適應時代的需求，這就是第一次科技革命；1850年，人類發明了火車和輪船，拓展了商業腹地，使人與人的接觸更頻繁，這就是第二次科技革命；1950年，人類發明了飛機和電腦，使人類開始遨遊太空，縮短了國與國的距離，這就是第三次科技革命。以上三次科技革命，材料的發展有重要的貢獻與影響。

6-4-1　材料應用在日常生活

隨著科技的日新月異，許多科技發展的材料越來越常融入於人類的日常作息中。如防火、防震建材使我們住的安全有保障；尼龍、達克龍及人造纖維的發明使得衣服的質料更輕巧、舒適與保暖；複合材料中的碳纖維應用在腳踏車的製造，使得腳踏車工業再度受到國際間的重視；磁浮列車的開發將可大大縮短南北的距離；光碟CD(compact disc)、

DVD、影碟LD(laser disc)等聲光產品的問世，使得人類的生活層次獲得提升。

由於半導體材料的發展，使得電子材料體積大大地縮小，

由真空管時代經電晶體到現在的
積體電路（IC化），功能廣度也
增加不少。如筆記型電腦、平板電
腦等，輕薄短小、速度快、易攜帶
是現在的特色；另外平面電視的發

展、可錄式CD、DVD材料的研發也都廣受好評。

　　雷射技術應用在醫學上進行開刀手術、切割；
人工關節、假牙等生醫材料；感測器應用醫學上的
偵檢(detect)，提高了醫療效果。

6-4-2　材料應用在環保及能源

　　資源性廢物的回收再利用，是環保材料的另一
項貢獻，如再生紙、鋁製汽車、電腦煉製黃金等。

　　氣體感測器、水質汙染感測器、噪音分貝機的
發明可應用在空氣、水質和噪音汙染的測定，對環
境品質檢測上又增進不少幫助。

　　能源的枯竭使得人類面臨一大挑戰，因此積極
開發新的能源，如太陽能、風能、水力等發電來取
代其他能源，特別是太陽能的開發利用是最迫切的
議題，目前已成功應用在熱水器、計算機等方面，
未來太陽能飛機、太陽能車、太陽能機車與太陽能

船將會陸續呈現在眾人眼前。另外在汽車燃料方面的應用上，91年日本發表的氫氧燃料電池汽車，氫氧燃料電池是繼核能之後的新能源，燃料電池標榜零排放無汙染，已成功應用於航太飛行、電動汽車、油電混合車等，逐步取代化石燃料，用途將逐步擴大，而成為21世紀的重要能源，此一重大突破將是人類環保一大福音。

6-4-3　材料應用在其他方面

輕巧耐高溫材料的鋁合金、鈦合金應用在航太工業上；紅外線光罩的發明應用在國防武器方面，更能提高精準度。

材料應用是工業的基礎，科學發展的前瞻，領導著人類的進步與文明。也唯有以新的科技材料作為工業的基石，人類的生活品質與思想觀念，才能不斷提升，開創人類嶄新的未來與福祉。

輕薄短小的電子世界－心得

（亦可選擇其他適合的教學影帶參考資料）

任課教授：

組別：　　　科系：　　　學號：　　　姓名：　　　得分：

心得：

參考文獻

1. 馬堅勇(2000)，高清淨合金的發展與應用，科學月刊，31(3), 205-208。

2. 蕭玉祥(2000)，認識不鏽鋼，科學月刊，31(3), 198-204。

3. 周榮泉、江榮隆（民85），材料科學與人類生活，科學月刊，27(12), 1037-1043。

4. 李春穎、許煙明、陳忠仁譯(1994)，材料科學與工程，第二版，臺北：高立。

5. 徐仁全(91.01.15)，奈米技術竄紅成科技界新顯學，工商時報。

6. 賴宏仁(2000)，超微結構的奈米材料，科學月刊，31(3), 209~213。

7. 牟中原、陳家俊(2000)，奈米材料研究發展，科學發展月刊，28(4), 281~288。

8. McCulloch, Warren S.; Pitts, Walter. A logical calculus of the ideas immanent in nervous activity. The bulletin of mathematical biophysics. 1943-12-01, 5 (4): 115-133.

9. 中華電信學院(2019)。AI人工智慧科學營講義。

10. 李開復(2019)。AI新世界,增訂版。臺北:天下文化。

11. 鄭佩嵐譯(原著:三宅陽一郎、森川幸人,2017)。從人到人工智慧,破解AI革命的68個核心概念:實戰專家全圖解×人腦不被電腦淘汰的關鍵思考。臺北:臉譜。

12. 奈米新世界,https://nano.nstm.gov.tw/ ,2020/2/9。

選擇題

1. AI是指　(A)社會智慧　(B)自然智慧　(C)人工智慧　(D)以上皆非。

2. 下列哪項技術可合成人臉，生成許多新照片？　(A)GPU　(B)GAN　(C)CPU　(D)以上皆非。

3. 人工智慧之父是指何人？　(A)McCarthy　(B)Minsky　(C)Shannon　(D)Turing。

4. AI的誕生是在哪場重要會議之後？　(A)Dartmouth Conference　(B)ASERA Conference　(C)NICE Conference　(D)IS Conference。

5. AI在生活上的社會應用是指　(A)人臉辨識系統　(B)語音辨識系統　(C)照片的生成　(D)以上皆是。

6. 下列哪一組選項的廢棄物最適宜以焚化爐焚燒處理？
(A)鐵鋁罐、玻璃　(B)廢紙和樹葉　(C)電路板和廢輪胎
(D)熱固性塑膠。

7. 下列何者是環保署禁用塑膠袋的原料？　(A)PE　(B)PS　(C)PVC　(D)PTFE。

8. 下列英文字母的意義何者正確？ (A)PP：聚乙烯 (B)PS：聚苯乙烯 (C) PVC：聚氯丙烯 (D)PE：聚丙烯。

9. 下列何者是環保單位呼籲減少使用塑膠製品的重要原因？ (A)掩埋會造成土地汙染 (B)製造成本偏高 (C)占空間不易掩埋 (D)燃燒易產生毒氣。

10. 下列何者是奈米的應用？ (A)戒菸磁卡 (B)瞌睡蟲 (C)微型機器人 (D)以上皆是。

11. 工業上所稱的奈米尺寸是指下列何範圍？ (A)1~100μm (B)1~100nm (C)1~100pm (D)1~100fm。

12. 下列何者是含鐵的金屬材料？ (A)青銅 (B)碳鋼 (C)黃銅 (D)白銅。

13. 哪一次的科技革命，人類發明火車和輪船？ (A)第一次科技革命 (B)第二次科技革命 (C)第三次科技革命 (D)以上皆非。

14. 哪一次的科技革命，人類開始以紡紗機器代替手工？ (A)第一次科技革命 (B)第二次科技革命 (C)第三次科技革命 (D)以上皆非。

15. 哪一次的科技革命將人類送上太空？　(A)第一次科技革命　(B)第二次科技革命　(C)第三次科技革命　(D)以上皆非。

16. 下列何者屬於熱固性塑膠？　(A)PU　(B)PE　(C)PVC (D)PP。

17. 3C產業是指下列何者？　(A)通訊產品　(B)電腦產品 (C)消費性電子產品　(D)以上皆是。

18. 下列何者屬於熱塑性塑膠？　(A)PP　(B)PE　(C)PVC (D)以上皆是。

19. 奈米是指　(A)食物　(B)材料　(C)長度　(D)重量。

20. 奈米材料的特性表現與整體狀態之表現不同的有　(A)磁性　(B)熱導　(C)熔點　(D)以上皆是。

21. AI機器人已經可以應用在哪些領域？　(A)教育　(B)服務業　(C)醫療產業　(D)以上皆是。

22. 氫氧燃料電池車，率先發明的國家是　(A)美國　(B)英國　(C)日本　(D)德國。

23. 自然界中何種動物美麗鮮豔的翅膀顏色與奈米有關？ (A)珠光鳳蝶　(B)孔雀　(C)金龜子　(D)以上皆是。

24. 奇點(singularity)是指何義？ (A)AI的智慧遠低於人類智慧的地方 (B)AI的智慧遠與人類的智慧齊平的時間點 (C)AI的智慧遠高於人類智慧的商品 (D)以上皆非。

25. 大數據之名稱，乃因 (A)資料量龐大(Volume) (B)變化飛快(Velocity) (C)種類繁雜(Variety) (D)真偽存疑(Veracity)的資料 (E)以上皆是。

問答題

1. 何謂熱塑性塑膠？熱固性塑膠？

2. 寫出下列聚合物的英文縮寫：(1)聚苯乙烯；(2)聚氯乙烯；(3)聚乙烯；(4)聚丙烯。

3. 何謂金屬材料？有何用途？

4. 何謂奈米材料？有何用途？

5. 奈米材料有何異常特性？

6. 何謂複合材料？有何用途？

7. 何謂半導體材料？有何用途？

8. 何謂陶瓷材料？有何用途？

9. 何謂高分子材料？有何用途？

10. 材料對人類生活有何影響？

11. 敘述AI在人類生活的應用？

 選擇題

1. D	**2.** C	**3.** B	**4.** D	**5.** E	**6.** C
7. A	**8.** B	**9.** C	**10.** A	**11.** D	**12.** B
13. C	**14.** B	**15.** A	**16.** B	**17.** E	**18.** B
19. D	**20.** A	**21.** C	**22.** B	**23.** D	**24.** C
25. C	**26.** A				

 問答題

1. 物質發光，有兩種類型：為「熱光」和「冷光」。

- 熱光：物體溫度升高而發生的光，叫做熱光，如油燈、蠟燭。

- 冷光：螢火蟲之類的光，把別種能量變成光，但本身溫度並不升高，這就是「冷光」。

2. 蛋白質變性(denature)的條件：

蛋白質遇──

- 酒精。

- 熱。

- 強酸。

- 強鹼。

- 易變性(denature)。

3. 過敏源分為吸入性和食入性兩種：
   - 吸入性——有塵蟎、羽毛、花粉、黴菌等。
   - 食入性——有蝦、蚌類海鮮、牛奶和蛋白等。
   - 建材和裝潢材料等釋出的甲醛、甲苯、二甲苯和對二氯苯，此等化學物質逸散到空氣中成為過敏症的先驅，會引起噁心、暈眩、失眠、頭痛、氣喘、皮膚炎等症狀。芳香劑和除臭劑若含甲醛，易致過敏，臺灣兒童氣喘的人數比過去增加了約8倍，與此有密切關係。

4. 喝茶對身體的益處：
   - 兒茶素具提神、強心、利尿功效，喝茶可以抗癌，降低心血管方面的病變。
   - 兒茶素是一種抗氧化劑，可抑制自由基的形成。經常感冒的人，早晚以綠茶漱口會有不錯的改善效果。一天喝10杯以上，會引起不安、焦慮、發抖、呼吸急促，以及嚴重失眠。喝茶雖對身體有益處，但還是適量為宜（專家建議以150c.c.為宜）。

5. 水銀溫度計打破了，處理方式：
   (1) 撒硫粉，使其生成黑色硫化汞沉澱，即可清除。
   (2) 用吸塵器吸入塑膠袋內，再予以回收。
   (3) 以膠帶黏住隨即放入塑膠袋內回收（嚴禁掃除，因水銀內聚力大於附著力）。

6. 科學(Science)、技學(Technology)與社會學(Sociology)三者簡稱STS。

選擇題

1. D	2. B	3. B	4. A	5. D
6. A	7. D	8. A	9. D	10. C
11. B	12. C	13. D	14. B	15. A
16. D	17. B	18. B	19. D	20. C
21. A	22. C	23. C	24. C	25. A

 問答題

1. 體內所需礦物質之食物來源：

・食鹽是鈉和氯的來源。

・水果、蔬菜是鉀的主要來源。

・鈣來自蛤、牡蠣、牛奶、芝麻、豆類、堅果、吻仔魚、小魚骨頭較多。

・鐵來自紅肉（如豬肉、牛肉與羊肉）、綠葉蔬菜。

・富含維生素C之食物可促進鐵質的吸收，如番石榴、番茄、檸檬、柑橘類等。

・磷、鋅、鎂、鉻、碘等來自多穀類、海產類食物。

・礦物質是牙齒、肌肉、骨骼、血液和神經細胞的構成要素。

2. 醣類又稱碳水化合物，精製的醣類乃指葡萄糖、果糖、麥芽糖、蔗糖等等，易使血糖升高，引起胰島素分泌過多，對健康不利，不宜多吃；複合碳水化合物，指糙米、麥、五穀，含有澱粉、纖維質、維生素及礦物質，好處甚多，亦為熱量主要來源，故稱主食。

3. 纖維質可分為二類：

   (1) 不可溶的纖維質，如：糙米、番薯葉，可刺激腸子蠕動，預防便祕、大腸癌等。

   (2) 水溶纖維質，如：綠豆仁、燕麥，煮起來會出現糊狀物，有益於糖尿病、心臟病患者。

4. 吃出健康吃出窈窕的飲食原則是採低鹽、低糖、低油和低熱量，輔以均衡的飲食，方能維持理想體重。理想體重參考指標為 $22 \times h^2 \pm 15\%$（h是指身高，以公尺為單位）。

   均衡攝取各類食物：三餐以全穀為主食，一天中攝取的食物種類除主食外，尚包含蔬菜類、水果類、肉類、奶類、油脂類等。盡量選用高纖維的食物，以少油、少鹽、少糖的飲食為原則：少用醃、燻、烤；多攝取鈣質豐富的食物，多喝開水，飲酒要節制，均衡飲食指南是飲食原則之重要指標。

5. 地中海飲食，其飲食特色有：

   (1) 每日多吃蔬菜、全穀、水果外，也攝取堅果類和豆類等食物。

   (2) 每日選用好油。

(3) 常吃乾酪、酸乳酪。

(4) 多吃魚類。

(5) 少吃紅肉。

6. 飲食常見的致癌物約有五項：

(1) 多環芳香烴(polyaromatic hydrocarbons, PAHs)：焚香拜拜的煙、吸菸、高溫炒菜的油煙和有機溶劑（苯）等均含有致癌的多環芳香烴。

(2) 雜環胺(heterocyclic amines)：動物性蛋白燒焦物，如全熟的牛排、烤焦的魚肉、烤香腸等皆含有雜環胺。

(3) 亞硝酸胺(nitrosamines)：存於香腸、臘肉、火腿、臘腸、蝦膏、梅菜等醃製食物中。碳烤食物還是不宜常吃，才能永保安康。

(4) 黃麴毒素：黃麴毒素是導致肝癌的重要原因之一，存在長霉花生、玉米、小麥和稻米中，發霉食物不宜吃，並且最好少吃花生類製品。

(5) 三氯甲烷：自來水添加過量的氯所致，肺癌、肝癌與此有關，預防癌症最重要的乃是從飲食習慣和生活型態作調整，讓癌細胞無從發生或無法增生、擴散。

CHAPTER 03 心得引導解答

一、食物香氣和呈味

1. 香氣形成的來源：<u>天然形成</u>，如成熟果香、花香、草香。<u>酵素作用</u>，如蒜頭經打碎形成的大蒜素的香氣。

   <u>加熱作用</u>，如肉香是胺基酸、糖、油的熱反應香氣。

   紅茶香氣的形成來源有<u>酵素作用</u>和<u>加熱作用</u>。

   製茶流程：<u>萎凋</u>、<u>焙炒</u>、<u>揉捻</u>、<u>乾燥</u>。

2. 食用香料的天然香料無法普及，原因是品質不穩定、量少且價昂。 <u>〇</u> (是非題)

3. 人工香料中植物性香料具<u>關鍵香氣</u>、成分簡單，所以容易將香味化合物經由化學分析法分離、純化後重組製得。

4. 肉類香料的呈味複雜，多採用<u>酵素作用</u>和<u>加熱作用</u>製得，稱為<u>調味肉粉</u>，應用於速食麵粉包、調味湯、洋芋片、肉乾、豆乾的調味。

二、調味料

1. 味精的化學名稱為<u>麩胺酸鈉</u>，由<u>麩胺酸</u>和<u>氫氧化鈉</u>合成而得，是一種鮮味劑。最早由日本學者從<u>海帶</u>中提煉，後人從<u>糖蜜發酵法</u>進行大量生產。

2. 高鮮味精是味精和 <u>5'-核苷酸</u>組成，鮮度比味精高，可以化清水為雞湯。

三、防腐劑&抗氧化劑

1. 臘肉或香常中添加亞硝酸鹽的用途除發色外，尚有抑制何種微生物作用<u>防止肉毒桿菌中毒</u>。

2. 以下何者添加物的添加目的為食品防腐 <u>AB</u> (複選)

   (A)己二烯酸鉀 (B)苯甲酸 (C)充氮氣 (D)維生素E

3. 以下何者與抗氧化劑有關 <u>ABCD</u> (複選)

   (A)消耗氧氣 (B)消除自由基 (C)維生素C (D)維生素E

四、代糖&代脂

1. 代糖的特性是 <u>BC</u> (複選) (A)提供熱量 (B)血糖不會上升 (C)不提供熱量

2. 糖精是最早的代糖,是安全的,無致癌性。 <u>X</u> (是非題)

3. 阿斯巴甜是現今使用最普及的代糖,由<u>丙胺酸</u>和天冬門酸合成的產物。

4. 代脂Olestra的特性是 <u>AC</u> (複選) (A)耐高溫 (B)分子比脂肪小 (C)不會被腸壁吸收 (D)會蓄積體內。

 選擇題

1. E	2. B	3. E	4. D	5. B
6. E	7. C	8. A	9. A	10. D
11. B	12. C	13. B	14. C	15. E
16. E	17. A	18. C	19. D	20. D
21. C	22. A	23. B	24. B	25. D

CHAPTER 03 問答題

1. 機能性食品，凡是能夠對食用者的生理健康、心理健康及整體功能有所助益的食品都稱之。

   日本法規對機能性食品的範疇定義為：

   (1) 來源必須是天然食品。

   (2) 可以作為每日膳食之用。

   (3) 經過人體消化吸收之後有調節生理機能的作用。

2. 最近逐漸被濫用之食品：

   (1) 漂白免洗筷之一的福馬林，拿來漂白蘿蔔乾等食物。

   (2) 果醬、醬菜、豆類製品中常添加己二烯酸。

   (3) 麵包、糕餅裡常添加去水醋酸、丙酸和山梨酸。

   (4) 柑橘、柳橙、葡萄、蘋果，常被噴灑抗黴劑和殺蟲劑。

   (5) 硼砂被傳統市場用來作為麵條、油條、蝦、粽子等食品的防腐劑。

   (6) 在洋田芋片、麵包、香腸、魚乾、蝦米、干貝、冷凍食品、奶油、食用油中，常見添加抗氧化劑。

3. 味素（麩胺酸鈉，MSFG）是東方人常用的味道添加劑，中國餐館徵候症即是味素過量所致，不良的飲食習慣有關的病變包括癌症、腦血管疾病、心臟疾病、慢性肝病、高血壓、糖尿病等，可由天然植物如番茄、香菇來取代味素。

4. 慎選保健養生的健康食品：

(1) 多吃複合性碳水化合物(complex carbohydrates)：所謂複合性碳水化合物是指胚芽米、全麥麵粉、黃豆、玉米、紅心甘薯、芋頭等這類能提供醣類、植物性蛋白質、膳食纖維、維生素和礦物質的食物。

(2) 好處多多的膳食纖維(dietary fiber)：

・解便祕防止大腸癌的發生。

・調節功能──促進新陳代謝、預防大腸癌及其他病變、降低血脂及膽固醇、減少心臟病與膽結石罹患率、促進毒性物質的排泄、體重控制的輔助劑。

(3) 控制膽固醇的攝取：

・控制膽固醇的攝取時，應選擇多元不飽和脂肪酸較豐富的油脂（如芥花油、葵花油、橄欖油、葡萄籽油等）。

・複合性碳水化合物。

・蔬菜水果（每天至少五種）。

5. 喜歡的機能性保健食品說明如下：

(1) 蔓越莓(cranberry)：傳統上用來預防結石、清除血中毒素與治療尿道、陰道方面的細菌感染。蔓越莓含有抗氧化活性相當強的天然化合物（花青素），也有益於預防心臟血管疾病及癌細胞的形成，幫助人體吸收維生素B12，可有效抑制幽門螺旋桿菌，抵抗細菌性胃潰瘍。

蔓越莓含有高量的單元不飽和脂肪酸和生育三烯醇，素食者可食用蔓越莓來保護心血管。

(2) 番茄(tomato)：

・茄紅素(lycopene)：一種類胡蘿蔔素抗氧化物，清除體內自由基的能力非常強，是強效的抗氧化劑。預防胰臟癌的效果明顯，其次是直腸癌、膀胱癌；對前列腺癌也有防治的作用，還可預防心血管疾病，防止低密度脂蛋白(LDL)產生，避免血管氧化。

・維生素：維生素A及C含量均相當豐富，想控制體重、養顏美容的人不妨常吃。

・鉀離子：番茄中鉀離子含量很多，因而血壓高的人不妨多吃，將有助於血壓的控制。

(3) 蓮藕(lotus root)全身都是寶：

・可解熱除煩，養血安神。

・鮮蓮藕榨汁飲用，能清肝熱、潤肺、涼血、止血。

・若配合新鮮雪梨汁混合飲用，對付熱咳最有效果。

・腹瀉不止時煮蓮藕粉來吃，可舒緩腸胃不適。

・蓮葉、蓮花、蓮梗、蓮蓬，中藥上合稱四蓮，富食用價值。

6. 抗癌食物很多，如洋蔥、大蒜、引藻、番茄茄紅素、靈芝、蔓越莓等。

CHAPTER 04 選擇題

1. C	2. A	3. A	4. D	5. C	6. C
7. A	8. B	9. C	10. D	11. C	12. C
13. B	14. A	15. D	16. B	17. A	18. D
19. B	20. C	21. A	22. A	23. C	24. D
25. C	26. B	27. D	28. D	29. B	30. D

CHAPTER 04 問答題

1. 以人為的方法，將汙染物質逸散到戶外空氣中，因汙染物質的濃度及持續時間，使某一地區之大多數居民引起不適的感覺，或危害廣大地區之公共衛生，以及妨害人類、動植物之生存，此種狀態稱為空氣汙染。

   汙染物指標指數(PSI)中的汙染物指一氧化碳(CO)、臭氧(O_3)、氮氧化物(NO_x)、二氧化硫(SO_2)、懸浮微粒(PM_{10})。

2. 常見的空氣汙染物敘述如下：

   (1) 硫氧化物(SO_x)：

   ・來源：主要來自火力發電廠、工業製程、工業鍋爐、家庭暖爐、交通工具等使用含硫燃料造成之汙染。

   ・影響：刺激呼吸系統為主，呼吸困難、氣管炎、肺炎等現象。

(2) 一氧化碳(CO)：

- 來源：汽機車燃燒不完全、燃燒石化燃料不完全造成。

- 特性：是一種窒息性、無色、無臭、有毒且易擴散之氣體，此氣體之毒性極強，一氧化碳與血液中血紅素的親和力是氧的300倍。

- 中毒症狀：輕者會有暈眩、嘔吐、噁心、耳鳴、流汗、頭痛、全身痛的症狀；容許量為50ppm。

(3) 氮氧化物(NO_x)：

- 來源：來自內燃機燃燒產生、活性細菌、打雷等皆可生成氮氧化物。

- 主要有一氧化氮(NO)和二氧化氮(NO_2)。

- 特性：二氧化氮是有刺激氣味的紅棕色氣體，毒性較一氧化氮強。

- 對人體健康之影響：刺激眼睛、鼻子及肺部。症狀有肺水腫、氣管炎、肺炎等如感冒之症狀。

- 海市蜃樓主要來自二氧化氮之汙染。

(4) 碳氫化合物（烴，CxHy）：

- 來源：如液化石油氣體（LPG，丙烷和丁烷）、天然瓦斯（主要為甲烷和乙烷）、汽油的揮發物、炒菜油煙、焚香拜拜的煙霧（含多環芳香烴(PAHs)）等。

- 影響：致癌。

(5) 光化學性過氧化物：

- 來源：經由光化學反應產生的過氧化物，而光化學煙霧中的主要成分是臭氧。

- 對人體健康的影響：主要刺激口、鼻、咽喉的黏液膜及乾燥作用，對眼睛的刺激為引起倦怠致視覺靈敏度改變。

3. 世界性的環保問題有：

(1) 溫室效應(greenhouse effect)：溫室效應貢獻的氣體有二氧化碳(50%)、甲烷(20%)、氟氯碳化物(15%)、氮氧化物(10%)及臭氣(5%)，二氧化碳是溫室效應元凶。

現象：二氧化碳濃度加倍，使全球平均氣溫上升1.7~4.4°C，海平面上升0.25~0.3m/°C。全球暖化已使得沿海沖積平原及地勢較低的都市，受到很大的威脅與危害。

(2) 臭氧層消失(ozone depletion)：臭氧層位於地表10~50Km的上空範圍內，主要集中在平流層(stratosphere)20~30Km之間。臭氧層是地球的防護機能，可阻隔紫外線。

氟氯碳化物(CFCs)：破壞臭氧層的主要物質。在對流層(troposphere)與平流層飛行之飛機所釋出的一氧化氮，是破壞臭氧層的另一物質。

(3) 酸雨(acid rain)：自然雨pH<5.0，則形成酸雨，主要元凶是二氧化硫，其主要汙染源來自火力發電廠、熔煉工廠等。

(4) 沙塵暴(tornado)：臺灣地區空氣品質受到下列因素之影響：固定汙染源（工廠、工業區）、移動汙染源（汽、機車）影響、境外移入的汙染等，皆嚴重影響臺灣地區空氣品質，如冬季酸雨和大陸沙塵暴。

冬末、春季為沙塵暴發生的主要季節，其中以2~5月中發生頻率最高。

沙塵暴發生的條件：

- 地表性質：土質鬆軟、乾燥、無植被或草木生長，以及沒有積雪。

- 氣象條件：強烈的地面風、垂直不穩定的氣象條件及沒有降雨、降雪等天氣現象。

- 沙塵暴的影響是全球性的，又稱為黑風暴。泥雨現象會降低能見度，影響該地空氣品質。

4. 對生態環境所造成的影響為：

(1) 高緯度地區植被急遽變化。

(2) 沙漠地區狀況更惡化。

(3) 全球暖化，使水循環加速，導致極端氣象（如水災、旱災、聖嬰等現象）發生頻率偏高且更嚴重。

(4) 生產力（如農業、森林）受影響，不均的現象將更明顯。

(5) 傳染病增加。

這些現象在越落後貧窮的國度或適應不良的地區，所受的衝擊就越顯著。

5. 對地球環境影響：

(1) 增加人類罹患白內障、皮膚癌的機會，同時削弱人類免疫系統功能。

(2) 促使植物基因突變。

(3) 海洋中的浮游生物進行光合作用及新陳代謝受到不良影響。

(4) 增加溫室效應的威脅。

6. 酸雨對環境的危害：

(1) 土壤酸化，加速淋溶作用，降低土壤肥沃度，妨礙植物新陳代謝，並影響農作物。

(2) 對自然環境影響嚴重。

(3) 腐蝕大理石和金屬，故住宅、橋樑等建築物常受到酸害與破壞。

(4) 影響人體健康，導致肺癌、氣喘等疾病。

(5) 降低湖泊之酸鹼值，溶化有害金屬，導致生物死亡，破壞生態系統，而形成死水。

7. 化學性指標：

(1) 酸鹼值(pH)：pH=7.0屬中性。

(2) 水中溶氧(DO)：DO在2以下屬於嚴重汙染。

(3) 生化需氧量(biochemical oxygen demand, BOD)：好氧性微生物的生物化學作用（喜氣分解與厭氣分解）所耗用的氧量稱為BOD，BOD值在15以上屬嚴重汙染。

(4) 化學需氧量(chemical oxygen demand, COD)：以化學方法氧化廢水中有機汙染物後，滴定剩餘之氧化劑量，而藉以測定出水樣中的有機物相當量。

(5) 清潔劑：支鏈烷基苯磺酸鹽(ABS)，硬性清潔劑，毒性低，2ppm即可產生泡沫，但生物不易分解，汙染問題大。直鏈烷基苯磺酸鹽(LAS)，俗稱軟性清潔劑，易受生物分解，少有汙染問題。

(6) 重金屬：

・汞：中樞神經中毒，如神經痛、中樞神經障礙等。水病是有機汞汙染造成。

・鎘：電鍍、金屬工業廢水汙染造成，會引起痛痛病，因鎘離子取代鈣離子而導致骨骼疼痛。

・鉛：經由食物鏈，在人體中造成累積作用，引起便祕、貧血、腹痛、食慾不振等現象。

・鉻：大量攝取含鉻的六價離子，易引起嘔吐、腹痛、腹瀉、尿毒症等現象。

・砷：長期飲用含砷量高的水質，會導致烏腳病。

(7) 其他化合物的影響：

・氰化物：有劇毒性，易致命。

・硝酸鹽：導致藍嬰症。

・氟：含量過高易致蛀牙、黃斑牙。

‧多氯聯苯(PCB)：導致油症病，乃因米糠油中毒事件而引起。

(8) 放射性物質：間接引起人體細胞及組織的異常，產生生物輻射而導致癌症。

8. 環境荷爾蒙對生活之影響：

(1) 化學性防曬乳液：七種常用紫外線吸收劑中，發現有六種具有乳癌細胞增殖、子宮肥大與抗雄性激素等作用。

(2) 碗裝泡麵容器中的BHT安定劑：引起肝臟肥大、染色體異常、降低繁殖機率等。

(3) 分解出壬基苯酚的非離子界面活性劑：雄性動物雌性化，影響生長與生殖力。

(4) 檢測出戴奧辛的焚化爐：頭號殺手，致癌。

(5) 人造動情素DES(diethyl stilbestrol)安胎藥：造成女童長大罹患中性細胞陰道癌機率高、男嬰陰莖短小。

CHAPTER 05 選擇題

1. C	2. D	3. D	4. B	5. A
6. B	7. A	8. C	9. D	10. B
11. A	12. B	13. D	14. D	15. A
16. A	17. A	18. D	19. D	20. A
21. C	22. B	23. C	24. A	25. A

CHAPTER 05 問答題

1. 化妝品與藥物(drugers) 如何區分：

   傳統上藥物具改變身體功能、診斷疾病、治療疾病、舒緩症狀等療效，因此需要衛生福利部的認可。

   化妝品只是簡單的改善外表，無藥品之嚴格，不須相關單位的認可，故採購前應先認識廣告陷阱。

2. 選擇化妝品應注意之要點參考如下：

   (1) 嘗試多樣化。

   (2) 專人洽談。

   (3) 使用前應塗在手背處以確認顏色並觀察是否有過敏反應。

   (4) 考量自己膚色、臉型，選擇適當顏色與功能者使用。

   (5) 知己知彼，配合TPO（時間、場所與場合），選擇適當化妝品。

3. 皮膚對人體的功用有：

    (1) 保護作用：對內保護皮膚抵抗冷熱傷害，以及化學物質、光線、細菌與塵埃等的侵襲；對外保護皮膚防止紫外線傷害深層肌膚。

    (2) 知覺作用：皮膚應付體外的狀況調節。

    (3) 分泌與排泄作用。

    (4) 體溫調節作用。

    (5) 呼吸作用。

    (6) 表達作用。

4. 膠原蛋白、果酸(AHA)和胎盤素對皮膚保養之功用及其注意事項：

    (1) 膠原蛋白主要由牛軟骨及牛真皮製備而得，膠原蛋白的功用：

        ・外用保養方式，美容保養的保濕劑用。

        ・口服保健的功效上，因在胃腸道會水解吸收，可作為人體合成膠原蛋白的原料。

        ・注射法，專科醫師執行，減少前額和兩頰皺紋，有其改善作用。

    (2) 果酸(AHA)含有羥基羧酸官能基，其功用為：調整酸鹼值、去除皮膚外層老化結構、化學換膚作用。選購時需注意：

- AHA之濃度：10％以下屬於保養用商品、10~40％適合專業美容師調理使用、40％以上為醫師處方。
- 應從最低濃度開始使用。

(3) 胎盤素來自健康動物體的胎盤萃取物，其組成有蛋白質、荷爾蒙、凝血因子、紅血球生成素、多醣體、卵磷脂…等物質。

功用：

- 保養品：具美白、細胞新生、增強肌膚免疫機能之作用。
- 救人：胎盤臍帶的血液可取代骨髓。
- 中醫研究顯示之功效：增強體力、促進生長發育、幫助創傷癒合，例如中藥的紫河車，可有效治療皮膚潰瘍。

5. 紫外線有三種——UVA、UVB、UVC：

- UVA：330nm以上，傷害不大，易造成古銅色皮膚。
- UVB：285~330nm，會使皮膚灼傷。
- UVC：200~285nm。

6. 成功紫外線吸收劑之條件：

- 在紅斑波長範圍建立最大吸收波長。
- 阻抗化學和光化學變化。
- 極少量被皮膚吸收，可完全溶解於化妝品基劑。
- 不溶於水或汗，沒有毒性、刺激性或過敏性。

7.　防曬產品可分成兩類：反射型的物理性防曬乳液與吸收型的化學性防曬乳液。

(1) 經由反射保護：防曬製品之礦物性顏料，如：ZnO、SiO_2、$Al(OH)_3$、$MgCO_3$，成品有紫外線阻斷乳霜等。

(2) 以吸收紫外線保護：波長290~320nm紅斑範圍紫外線吸收乳霜、紅斑藥(minimum erythenal does, MED)。

8.　界面活性劑是一種溶於溶劑中的物質，此物質易受溶劑表面吸附，因而降低了溶劑的表面張力，使其產生較容易混合的界面，界面活性劑同時具有親水基與親油基，可同時與兩互不相溶之溶劑互溶，形成微胞(micell)。

界面活性劑依官能基不同可分成四類：

(1) 陰離子界面活性劑：如肥皂、合成清潔劑。

(2) 陽離子界面活性劑：如氯化烷基吡啶（一種消毒劑）等。

(3) 非離子性界面活性劑：如洗面乳、洗髮精等。

(4) 兩性離子性界面活性劑：如蔬菜之消毒劑等。

1.	C	2.	B	3.	D	4.	A	5.	D
6.	B	7.	C	8.	B	9.	A	10.	D
11.	B	12.	B	13.	B	14.	A	15.	C
16.	A	17.	D	18.	D	19.	C	20.	D
21.	D	22.	C	23.	D	24.	B	25.	E

CHAPTER 06 問答題

1. (1) 熱塑性塑膠：如聚乙烯、聚丙烯、聚氯乙烯、聚苯乙烯、聚醯胺、尼龍、聚四氟乙烯(teflon)。

   ・其特性：少架橋(cross-links)、加熱後立即軟化、可雕塑成不同形狀物質、無延伸支鏈。

   (2) 熱固性塑膠：如酚甲醛樹酯、尿醛樹酯、環氧樹酯、聚胺基甲酸酯等等。

   ・其特性：有許多架橋(cross-links)、加熱後立即硬化、不易產生形變、加熱後架橋的鏈會分裂、溶解前燃燒等特性。

2. (1) PS。 (2) PVC。(3) PE。(4) PP。

3. (1) 金屬材料通常指工業上各種物質製造時所使用之金屬或合金。多種金屬元素結合或金屬元素與非金屬元素結合的金屬材料稱為合金，如碳鋼、青銅、黃銅。

金屬材料依使用金屬不同，可分為兩大類：

- 第一類是以金屬鐵(Fe)為主，如鋼、不鏽鋼。
- 第二類為非鐵金屬的金屬材料，如銅(Cu)、鋁(Al)、鎳(Ni)、鈦(Ti)等。

(2) 應用：電腦螢幕網罩、生醫材料的人工關節、人工牙根及醫療器材、飛機引擎零組件、特殊切削工具、機械用高負荷軸承等等。

4. (1) 奈米級結構材料(nanocrystalline materials)簡稱奈米材料，一般指其晶體大小介於1~100nm範圍之間。

   (2) 奈米材料的用途：

   - 「鯊魚膚」塗在飛機表面上，即可減少流體阻力，使燃料消耗降低大約3％。
   - 蓮花出淤泥不染效應，也將使擦洗窗戶和牆壁成為歷史。
   - 汽車窗戶高科技噴塗技術，可使聚碳酸酯表面獲得像玻璃般的高耐刮強度。
   - 醫藥及生技上應用，藥劑微小，可控制釋藥量與時間，對長期且需固定服藥的患者來說，可幫助達到按時服藥。
   - 感測器可利用微機電方式將內視鏡微小化，可用於偵測更細微的器官組織。

5. 主要特性有：

   (1) 尺寸接近光波長，加上其具有大表面積的特殊效應，因此所表現出的特性往往不同於塊材。

- 材料(bulk material)之性質，如磁性、光學、熱傳、擴散及機械性。

(2) 晶相或非晶質排列結構與一般同材料在塊材中之結構不同。

(3) 可使原本無法混合的金屬或聚合物混合成合金。

6. (1) 藉組合兩種或多種不同的材料，使成為更好、更重要性質的新功能材料稱之，如合金、高分子材料、普通碳鋼、纖維，纖維強化塑膠便為產業界最常使用的複合材料。

(2) 複合材料應用：強化塑膠材料的纖維主要有三類：玻璃纖維（廣泛使用）、醯胺纖維及碳纖維（航空及汽車工業）。

7. (1) 半導體(semiconductor)是導電性介於金屬與絕緣體間的材料，組成元素如：Si、Ge等。

- p-型半導體：在IVA族元素中添加少量IIIA族元素(B、Ga)。

- n-型半導體：在IVA族元素中添加少量VA族元素(As、Sb)。

(2) 半導體材料可作為半導體元件成品，其性質取決於n型和p型半導體間界面之性質，如pn型用於家電整硫，pnp型、npn型則應用在電流的放大。

8. (1) 陶瓷材料為金屬元素與非金屬元素之間的化合物，工程應用上大致可分為兩類：傳統陶瓷和工程陶瓷。

(2) 用途：傳統陶瓷的基本原料有黏土、石英和長石三種，多用於製作日用品、工藝品、裝飾品；工程陶瓷的原料

則為純淨或幾近純淨的化合物，通常作為工業用耐火材料、功能陶瓷、生物陶瓷。

9. (1) 亦稱聚合物材料，高分子化合物是許多小分子單體(monomer)以產生共價鍵的方式互相結合形成相當長的長鏈分子，又稱聚合物。

(2) 用途：塑膠材料、橡膠材料等高分子產品及其衍生物。

10. 自遠古的石器時代至近代，由於材料的進步，主導了人類科技文明的發展。

科技材料融入人類的日常作息——

‧防火、防震建材。

‧尼龍、達克龍及人造纖維的發明。

‧複合材料中碳纖維應用在腳踏車的製造。

‧磁浮列車的開發將可大大縮短南北距離。

‧光碟CD、DVD、影碟LD等聲光產品的問世。

‧半導體材料的發展，使電子材料體積大大的縮小：真空管→電晶體→積體電路（IC化）。

‧雷射技術應用在醫學上進行開刀手術、切割。

‧人工關節、假牙等生醫材料。

‧感測器應用醫學上的偵檢。

材料應用在環保及能源——

‧資源性廢物的回收再利用：再生紙、鋁製汽車、電腦煉製黃金等。

‧氣體感測器、水質汙染感測器、噪音分貝機的發明可應用在空氣、水質和噪音汙染的測定。

‧能源：太陽能、風力、水力等發電來取代其他能源。

材料應用在其他方面──

‧鋁合金、鈦合金應用在航太工業。

‧紅外線光罩的發明應用在國防武器方面。

材料是工業的基礎，科學發展的前瞻，主導著人類的進步與幸福。

11. AI在人類生活的應用非常多，茲列述如下：

(1) 影像處理方面，可應用在電腦的開機、門禁系統的管控、金融消費支付、影像分類、服裝設計開發、室內設計、自駕車引導、太陽能車的車款設計、美姿美儀的教學訓練與醫療診斷等應用方面。

(2) 影像辨識方面，可應用在汽車流量、工廠貨物運送與x光片確認等。

(3) 教育應用方面，AI機器人應用在陪伴學習。

(4) 自然語言的處理方面，文書分類、自動摘要、詩詞的生成與多國語言翻譯機。

(5) 在語音的處理方面，語音辨識、語音合成、音質轉換、聊天AI機器人與音樂生成等。

AI的應用隨這科技的進步越來越多，將為新世紀帶來無比的新商機。

國家圖書館出版品預行編目資料

科技與生活/蘇金豆編著. -- 六版.-- 新北市：
新文京開發出版股份有限公司, 2020.12
　　面　；　　公分

ISBN　978-986-430-681-7（平裝）

1.科學技術　　2.通俗作品

400　　　　　　　　　　　　　　　109020361

科技與生活（第六版）　　　　　　　　（書號：E131e6）

編 著 者	蘇金豆
出 版 者	新文京開發出版股份有限公司
地 　 址	新北市中和區中山路二段 362 號 9 樓
電 　 話	(02) 2244-8188（代表號）
Ｆ Ａ Ｘ	(02) 2244-8189
郵 　 撥	1958730-2
初版二刷	西元 2004 年 10 月 10 日
二 　 版	西元 2006 年 07 月 30 日
三 　 版	西元 2011 年 08 月 25 日
四 　 版	西元 2015 年 03 月 01 日
五 　 版	西元 2017 年 07 月 15 日
六 　 版	西元 2021 年 01 月 05 日

新文京開發出版股份有限公司

NEW
WCDP　新世紀・新視野・新文京—精選教科書・考試用書・專業參考書